浙江省一流本科专业（工业设计）建设点项目资助
浙江省产学合作协同育人项目资助
教育部产学合作协同育人项目（202102222002）资助

按摩椅工效
与人体工程学

金海明　著

化学工业出版社
·北京·

内 容 简 介

本书以按摩椅工效与人体工程学研究为主线，介绍了按摩椅的市场现状、功能及工效评价方法、工效评价指标，重点运用人体工程学理论从腰背部揉捏按摩工效、腰背部指压按摩工效、腰背部拍打按摩工效、不同按摩方式的工效比较等方面，阐述了按摩界面特征和按摩参数对按摩工效、按摩舒适度的作用规律，提出了按摩方式的优化方法，可为按摩椅家具、智能家居等相关研究提供思路。

本书可为我国家具企业按摩椅工效设计提供参考，可供人体工程学、家具设计和工业设计等领域的研究者使用，也可供相关专业的学生阅读。

图书在版编目（CIP）数据

按摩椅工效与人体工程学／金海明著. —北京：化学工业出版社， 2022.6
ISBN 978-7-122-41514-1

Ⅰ.①按… Ⅱ.①金… Ⅲ.①按摩-功能-椅-工效学 Ⅳ.①TS665.4

中国版本图书馆 CIP 数据核字（2022）第 091803 号

责任编辑：冉海滢
责任校对：边　涛
装帧设计：关　飞

出版发行：化学工业出版社
　　　　　（北京市东城区青年湖南街 13 号　邮政编码 100011）
印　　装：北京天宇星印刷厂
710mm×1000mm　1/16　印张 10¾　字数 235 千字
2022 年 11 月北京第 1 版第 1 次印刷

购书咨询：010-64518888
售后服务：010-64518899
网　　址：http://www.cip.com.cn

定　　价：88.00 元

序

按摩椅是 20 世纪 90 年代发展起来的一类新型保健类家居产品，具有疏通经络、促进人体血液循环等功效，深受广大消费者的欢迎。当前，按摩椅市场前景良好，我国越来越多的企业已经或准备涉足按摩椅产业。但是，我国按摩椅企业掌握的核心技术相对薄弱，特别是按摩椅工效学研究还未达到行业领先水平。作为新型家居产品，按摩椅的功能特性与人机适应性对其产品质量和市场发展具有重要影响。加强按摩椅工效学研究，阐明按摩椅对人体舒适性的影响规律，明确用户个体差异对按摩椅功能设计的影响，对提升按摩椅的功能特性、加强按摩椅的人机适应性具有重要的理论意义和现实价值。

青年学者金海明博士，一直专注于家居工效学研究，投入大量时间和精力研究按摩椅人体工程学问题，期望解决按摩椅工效的一些基础性问题，比如按摩界面特征和按摩参数优化、按摩方式优选、按摩工效和按摩舒适度作用规律，在按摩椅产品人体工程学研究领域作了一些富有成效的基础性工作。

在研究过程中，金海明博士聚焦按摩椅工效评价指标的相互关系、按摩界面特征和按摩参数等按摩条件对按摩工效和按摩舒适度的影响、按摩方式优化等议题，采用定性与定量相结合的研究方法，解析了评价指标之间的关系，提出了优选评价指标，分别优化了揉捏按摩、指压按摩和拍打按摩的按摩界面特征和按摩参数，明确了优化的单一按摩方式和组合按摩方式。以上研究成果，为揭示按摩椅工效的基本规律提供了参考依据，为提高按摩椅产品设计水平和自主研发能力提供了有效支撑，为按摩椅智能化和个性化设计提供了前期基础理论储备。本书对按摩椅工效研究、按摩椅产品开发、智能家居工效学研究等都具有重要的参考价值。

在本书即将出版之际，衷心祝贺金海明博士，希望他继续扎根家居工效学领域，以专心、专注、专业和专家的工匠精神为指引，持续推出新的研究成果。与此同时，期望更多青年学者聚焦家居工效学，深入智能家居研究领域，为我国家居工效学高质量发展添砖加瓦。

南京林业大学教授
申黎明

前 言

在现代社会，越来越多的消费者选择按摩椅产品，以满足身体保健需求。但是，我国企业自主研发的按摩椅产品大多处于产业链的中低端，按摩工效往往不够理想，主要由于对不同按摩条件下腰背部按摩工效的影响规律以及不同按摩方式按摩工效的作用规律等基础问题还缺乏系统的研究。因此，从人体工程学视角出发研究按摩椅腰背部按摩方式和按摩工效，具有重要的理论和应用价值。

本书以按摩椅为研究对象，运用酸胀度和舒适度等主观评价指标，及皮肤表面温度、表面肌电和脑电等客观评价指标，定性与定量分析相结合，阐析了按摩界面特征和按摩参数对腰背部按摩工效、按摩舒适度的作用规律。

第1章人体工程学与按摩椅设计概述，介绍了人体工程学与按摩椅工效的概念、人工按摩发展现状、总结了按摩椅的发展现状、功能结构及按摩方式，分析了按摩椅按摩工效评价方法与影响因素。第2章按摩椅工效评价指标，分析了按摩椅工效的客观与主观评价指标，研究了各评价指标之间的关系，提出了优先选用的评价指标建议。第3章腰背部揉捏按摩工效、第4章腰背部指压按摩工效、第5章腰背部拍打按摩工效，分别优化了腰背部揉捏按摩、指压按摩和拍打按摩的按摩界面特征和按摩参数，解析了按摩界面特征和按摩参数交互作用对按摩工效的影响规律。第6章不同按摩方式的工效比较，推荐了腰背部按摩的单一按摩方式，阐明了不同组合按摩方式下不同体型人群腰背部按摩舒适度的作用规律，明确了腰背部推荐的组合按摩模式。

本书在编写过程中，参阅了大量文献资料，在此向这些文献的作者表示衷心的感谢。同时感谢嘉兴南湖学院时尚设计学院各位同仁的支持，感谢浙江省一流本科专业（工业设计）建设点项目、浙江省产学合作协同育人项目、教育部产学合作协同育人项目和嘉兴市创意设计研究中心招标项目等课题的资助。

由于笔者的水平与精力有限，书中难免存在不足之处，恳请专家、读者批评指正。

金海明
2022 年 3 月于嘉兴姚家荡

目 录

第6章　不同按摩方式的工效比较　/ 129

第1章
人体工程学与按摩椅设计概述

1.1 人体工程学与产品设计

国际人类工效学协会（International Ergonomics Association，IEA）把人体工程学定义为：研究人在工作环境中的解剖学、生理学、心理学等诸方面的因素，研究系统中各组成成分（效率、健康、安全、舒适）的交互作用，研究在工作和家庭中如何实现人-机-环境优化的学科。

概括地说，人体工程学是研究人及与人相关的物体（机械、家具、工具）、系统及环境，使其符合人体的生理、心理及解剖学特征，从而改善工作与休闲环境，提高舒适性和效率的学科。

产品设计以用户需求为导向，以用户问题为基点，通过市场调研、用户研究、设计定位、创意构思、方案设计、样机测试、产品试用、推广上市等环节，有效解决用户痛点，满足用户需求。方案设计环节中，包括功能设计、造型设计、结构设计、工艺设计、包装设计等内容，其中产品人机工效设计与评价是功能设计的核心内容之一。

家具是产品设计中的重要类别，一直伴随着人类的生产生活活动。根据功能，家具一般分为坐卧类家具、支撑类家具和储藏类家具。按摩椅是一种新型的家具类别，它是家具行业集先进技术于一身的新一代产品，也是改造传统家具行业的重要产品。

按摩椅工效是按摩椅人体工程学的重要内容，主要包括按摩椅的静态尺寸、按摩界面特征、按摩参数、按摩方式、按摩工效和按摩舒适度等方面的设计与评价。按摩椅模拟人工按摩基本原理，综合运用机械学、信息学、控制学、人体工程学等多门学科理论，在一定程度上代替手法按摩，方便人们更便捷地享受按摩效果。

1.2 人工按摩发展概况

1.2.1 按摩历史

在人类追求健康的征途中，按摩作为治疗疾病和身体保健的重要手段之一，其历史悠久，可以说它伴随人类发展的整个历史进程。下面从国外和国内两个角度简要论述按摩发展历史。

（1）国外人工按摩历史 在古印度，约公元前 1000 年，经文《吠陀经》中论述了手轻柔、轻柔和洗浴等按摩相关内容。在古埃及，约公元前 1800 年，记载了按摩治疗妇女腿痛。在希腊，约公元前 400 年，《希波克拉底文集》中讲述了按摩可促进血液循环等内容。

在中世纪时期（400—1400 年），阿拉伯国家发展了按摩技术，医生 Ibn Sina 的《医学法典》崇尚源于古希腊的运动、按摩和洗浴的保健思想。18 世纪，瑞典按摩之父 Per Henrik Ling 推动了按摩的发展。19 世纪，荷兰的 Johan Georg Mezger 博士创造了"轻抚""揉捏"和"叩抚"等按摩术语。1888 年，瑞典的 Emil Kleen 博士研究了轻抚、揉捏和振动对血液循环的作用。美国的 George H. Taylor 博士运用按摩等方法进行专业医学护理，John Garvey Kellorg 博士进行按摩对身体机械性、反射性和代谢性等作用的研究。20 世纪以来，按摩与其他疗法一起应用于健康护理过程中，人工按摩快速发展。

（2）国内人工按摩历史 按摩（推拿）是中国古老的治疗方法之一，我国现存最早的医学经典文献《黄帝内经》较具体地论述了按摩疗法，奠定了按摩理论基础。根据其中的《素问》记载，我国按摩可能最早发源于现在河南洛阳一带的中原地区。

春秋战国时期，名医扁鹊运用按摩等方法成功抢救了病危患者。秦汉时期，按摩疗法已成为一门极具民族特色的中医学科，积累了大量民间推拿按摩技术和方法，产生了《黄帝岐伯·按摩十卷》和《五十二病方》等记载按摩的著作。三国时期，名医华佗及弟子推动按摩技术发展，著作《华佗别传》记载了用膏摩治疗头痛等疾病。

魏晋南北朝时期，按摩技术进一步发展，并开始传播到国外，产生了葛洪的《按摩经》和《导引经》等著作。隋唐时期，按摩在医学领域有较高的地位，按摩疗法在临床广泛应用。唐朝官府设立专门的按摩科，按摩医生分为按摩博士、按摩师、按摩工和按摩生四级。同时产生了隋代巢元方的《诸病源候论》和唐代孙思邈的《千金要方》等记载按摩手法等内容的著作。

宋金元时期，官府撤销了按摩科，但是在民间应用广泛。明代时期，官府恢复了按摩科，这又是按摩发展的黄金时期，按摩改叫推拿。小儿推拿技术快速发展，产生了龚云林的《小儿推拿方脉活婴秘旨全书》等著作。清代时期，官府又取消了推拿科，但在民间小儿推拿发展迅速，产生了熊应雄的《小儿推拿广意》、骆如龙的《幼科推拿秘书》等多部著作。

民国时期，按摩技术发展缓慢。新中国成立后，按摩技术开始发展，特别是改革开放后，按摩得到了快速发展，许多中医院开设了按摩专科门诊，一些中医院校开设了按摩课。

1.2.2 按摩手法和作用

1.2.2.1 按摩手法

按摩发展历史悠久，按摩实践性强，不同的按摩技师，经过长期的经验积累，形成各具特色的按摩手法，丰富的文献资料记载了各种按摩手法。常用的按摩手法如下。

（1）**揉法** 揉法可分指揉法和掌揉法，通常指用手指或手掌在身体某部位进行前后、左右的内旋或外旋揉动，使受力部位的皮下组织随手指或手掌转动的按摩方法。揉法的作用力不大，仅到皮下组织，深揉可到肌肉。

（2）**捏法** 捏法可分三指捏法和五指捏法，一般指用手指挤捏肌肉、肌腱的按摩方法。捏时，用拇指与其他指相对捏住肌肉或肌腱，沿其轮廓，循其走向，各指辗转挤捏推进。

（3）**按法** 按法可分指按法、掌按法、肘按法和踩压法，通常指用手指、手掌、肘、足或其他器械按压身体某一部位，逐渐用力，深压捻动的按摩方法。按压深度可浅于皮肉，深到骨骼、关节和脏腑。

（4）**摩法** 摩法可分指摩法和掌摩法，是用手指或手掌在身体某一部位，做环形有节奏摩动的按摩方法。作用力温和而浅，仅达到皮肤及皮下。

（5）**推法** 推法可分为拇指平推法、拇指指尖法、拇指侧推法和掌推法，指用手指或手掌在皮肤经络上做前后、左右或上下推动的按摩方法。作用深度可浅于皮，可深达筋骨脏腑。

（6）**拿法** 拿法可分三指拿、五指拿、抖动拿和弹筋拿等，是用手指提拿肌肉的按摩方法，可拿某一肌腹，也可结合穴位提拿。作用强度较大，感觉酸胀、微痛。

（7）**擦法** 擦法可分为指擦法和掌侧擦法，是用手指或手掌在皮肤上来回摩擦的按摩方法。作用力浅，仅作用于皮肤及皮下。

（8）**滚法** 滚法可分为侧掌滚法和握拳滚法，是手背在身体上滚动的方法。

（9）**抖法** 抖法可分为抖手腕法和抖上肢（下肢）法，用双手握住上肢或下肢远端，微用力连续上下颤动，使其关节产生松动感。

（10）**拍法** 拍法可分为指拍、指背拍和掌拍，是手指或手掌拍打身体某一部位的按摩方法。作用力轻，适合背部和表浅的关键身体部位等。

（11）**叩法** 叩法，用指端着力叩点身体某一部位的按摩方法。作用力小，适合头部及表浅的关键部位。

（12）**振法** 振法可分为指振法、掌振法和电振法，是用指端或手掌紧压身体某一部位或穴位做震颤的按摩方法。

1.2.2.2 按摩作用

通常，按摩可分为治疗按摩、运动按摩和保健按摩。治疗按摩的作用主要偏重疾病治疗方面，保健按摩的作用则偏重身体保健需求。

（1）**中医治疗按摩作用** 按摩，是我国劳动人民长期实践经验的总结，也是跟疾病作斗争、保持身体健康的重要方法与途径之一。中医治疗按摩的作用可归纳为六个方面。

① 平衡阴阳，调和五行 传统中医理论认为，疾病就是阴阳失调、五行失去平衡引起的。通过按摩，可调节人体的阴阳和五行，使身体的各器官和各系统正常运转，阴阳和五行处于相对平衡状态。

② 疏通经络，调和营卫 经络贯通身体内外、上下、左右，把机体内外、上下、表里连成一体。人体通过血液循环系统提供持续营养；卫气，具有抗病邪卫机体、运动人体等作用。按摩，可疏通经络，推动气血在经络里运行，使营卫气血运行流畅。

③ 活血散瘀，驱寒消积 用理筋手法，推拿按摩患处的瘀肿积块，可达到活血散瘀、消肿消积的效果。同时，也可治疗小儿的食积、便秘和肠梗阻等病症。

④ 松解粘连，滑利关节 手法推拿、按揉可松解滑利筋肉痉挛、关节粘连等症状。对慢性劳损引起的筋肉痉挛，用推、拿、按、滚和揉等手法进行治疗，患者可感到筋肉舒展，长期按摩，可逐步恢复僵硬的肌膜张力。

⑤ 行气止痛，镇痛移痛 通过患处的点、揉等按摩，可减缓疼痛，达到镇痛目的。对伤处疼痛剧烈者，可选相应穴位用强手法进行按揉，使其得气，刺激部位产生酸胀，减缓疼痛，达到移痛目的。对陈旧性损伤的局部肿痛，用强手法反复进行刮、揉，可使局部气行。

⑥ 整复肌筋，小关节扭错 理筋手法可顺理、整复归位扭错的肌筋、小关节。用理筋推拿手法牵、抖、推、按、揉、捏和拍打等来治疗骶髂关节半脱位、小儿桡骨半脱位、膝关节肌筋扭错等。

（2）保健按摩作用 在当今社会，由于按摩的效果越来越得到社会的认可，除了治疗外，保健是按摩的主要目的之一，保健按摩的作用可总结为如下六个方面。

① 激活神经系统 按摩是物理刺激，对神经系统可起到激活和抑制的作用，且可通过神经反射影响其他器官功能。刺激交感神经系统，产生人体兴奋效果；刺激副交感神经系统，产生人体轻松效果。

② 加速循环系统 按摩可促静脉血回流，反射性地引起周围血管扩张，降低大循环阻力；按摩可减轻心脏负担，有利于心脏工作；按摩可消除局部水肿，血液重新分配有利于适应肌肉紧张工作。

③ 改善呼吸系统 按摩可刺激胸壁或通过神经反射，有助于人体气体交换。有资料显示，按摩后氧气需求量增加，相应增加二氧化碳排出量。

④ 改善消化系统 按摩腹部，通过机械作用和神经反射，可增强肠胃的

蠕动和消化液的分泌，改善消化机能。

⑤ 兴奋运动系统　按摩可反射性地使肌肉后备毛细血管开放和毛细血管扩张，增加血液供应，改善营养，加速乳酸排除，进而消除疲劳、恢复和提高肌肉工作能力及防止肌肉萎缩。

⑥ 改善皮肤机制　按摩直接作用于皮肤，可及时清除局部衰亡的上皮细胞，改善皮肤呼吸，有利于汗腺和皮脂腺的分泌。而且，按摩可促使皮肤产生一种类组织胺的物质，可活跃皮肤的毛细血管和神经，使皮肤的毛细血管扩张和血流量增加，改善皮肤营养，提高皮肤温度。

按摩椅是在人们保健意识不断增强的背景下诞生的，其主要功能是保健，以消除紧张生活带来的疲劳、压力大等亚健康状态，使人体保持健康状态。

1.2.3　腰背部生理构造和特点

（1）人体骨骼结构　人体脊椎，由 7 块颈椎、12 块胸椎、5 块腰椎、1块骶骨和 1 块尾骨共 26 块脊椎骨，并通过韧带、关节和椎间盘连接而成。脊柱上端承托颅骨，下端连髋骨，中附肋骨，并作为胸廓、腹腔和盆腔的后壁。脊柱内部有纵形的椎管容纳脊髓。脊柱具有支持躯干、保护内脏和脊髓以及进行运动的功能。

颈椎，由 7 块颈椎骨组成，除第一颈椎和第二颈椎外，其他颈椎之间都夹有一个椎间盘，加上第七颈椎和第一胸椎之间的椎间盘，颈椎共有 6 个椎间盘。每个颈椎都由椎体和椎弓两部分组成。椎体呈椭圆形的柱状体，与椎体相连的是椎弓，二者共同形成椎孔。

胸椎骨，共 12 块。椎体从上向下逐渐增大，横断面呈心形，其两个侧面上、下缘分别有上、下肋凹与肋头相关节。横突末端前面，有横突凹与肋结节相关节。第一胸椎和第九胸椎以下各胸椎的肋凹不典型。关节突的关节面几乎呈冠状位，上关节突的关节面朝向后，下关节突的关节面朝向前。

腰部的骨骼结构由 5 块腰椎骨、骶骨和两侧髂骨构成。第五腰椎和骶椎构成腰骶关节，是活动度大的腰椎与固定的骶椎相交处，承受的压力较大，易患劳损。

腰椎骨，椎体较大，棘突板状水平伸向后方，相邻棘突间间隙宽，可作腰椎穿刺用，关节突关节面呈矢状位。椎板内缘成弓形，椎弓与椎体后缘围成椎孔，上下椎孔相连，形成椎管，内有脊髓和神经通过，两个椎体之间的联合部分就是椎间盘。

（2）肌肉组织结构　根据肌肉组织的形态和分布的不同，可将其分为三种：横纹肌组织、平滑肌组织和心肌组织。肌肉纤维有许多明亮和暗淡的横纹，这类肌肉叫作横纹肌。同时，附着在骨骼上面的横纹肌就叫骨骼肌，平时所称的肌肉，一般就是指骨骼肌。横纹肌收缩速度非常快，但易产生倦怠感。骨骼肌可跟随人的意志运动，所以又叫随意肌。

在血管、胃肠、膀胱、子宫、支气管、瞳孔周围以及毛发根等地方的肌肉叫平滑肌。平滑肌有较大的伸展性，它能够拉长、扩大，收缩起来缓慢而持久，平滑肌收缩速度非常慢，但永不倦怠。

心脏的肌肉叫作心肌，不但可快速收缩，而且永不倦怠，是一种极其强健的肌肉，因此能使心脏持续不断地搏动，直到生命结束。平滑肌和心肌不受自我意志的控制，叫作不随意肌。

根据肌肉位置的不同，人体肌肉可分为头颈肌、躯干肌和四肢肌。头颈肌，可分为头肌和颈肌。头肌可分为表情肌和咀嚼肌。表情肌位于面部皮下，多起于颅骨，止于面部皮肤。肌肉收缩时可牵动皮肤，产生各种表情。咀嚼肌为运动下颌骨的肌肉，包括浅层的颞肌和咬肌，深层的翼内肌和翼外肌。颈肌是颈部按摩时主要的按摩肌肉。

躯干肌，可分为背肌、胸肌、膈肌和腹肌等，这是按摩椅腰背部按摩时涉及的肌肉。背肌可分为浅层和深层，浅层有斜方肌和背阔肌，深层的肌肉较多，主要有骶棘肌。胸肌主要有胸大肌、胸小肌和肋间肌。膈位于胸、腹腔之间，是一扁平阔肌，呈穹窿形凸向胸腔，是主要的呼吸肌，收缩时助吸气，舒张时助呼气。腹肌位于胸廓下部与骨盆上缘之间，参与腹壁的构成，可分为前外侧群和后群。

1.3　按摩椅概述

虽然人工按摩具有良好的保健效果，但是人工按摩不能满足现代人便捷快速的按摩保健需求。综合运用机械学、信息学、控制学、人体工程学和手法按摩等多门学科理论，模拟人工按摩基本原理，开发了按摩椅产品，以达到在一定程度上代替手法按摩，方便人们享受按摩保健。

1.3.1　按摩椅发展现状

随着生活节奏的加快和工作方式的变化，越来越多的人出现了"亚健康"状态。亚健康状态严重影响了人们的生活质量以及学习工作效率。同时，由于人们对健康越来越重视，迫切需要找到科学方法，消除"亚健康"，保障身心健康。推拿按摩作为我国传统医学的优势项目，其疗效得到人们的广泛认可。但是，由于人工按摩需要专业的技师和特定的场所，所以人们享受按摩的机会就大大减少了。

随着科技的快速发展，通过运用机械、电子信息和人体工程学等理论，大约在20世纪50年代，世界上开发了首台按摩椅，其基本原理是模拟人工按摩手法，以达到保健和治病疗效。由于按摩椅操作简单便捷，越来越多的家庭购买并使用按摩椅产品。

根据中国海关数据，2019年中国按摩椅出口数量为24656.7万台，出口金额为304771.5万美元；进口数量为370.7万台，进口金额为10172.3万美元。据相关调查，国际市场按摩产品的销售已达100多亿美元，每年的增长速度达30%。在日本，按摩椅年销售量就高达60万台，销售额约80亿人民币；在中国，按摩椅年销量不超过80万台，家庭普及率远远低于日本。2020年，中国按摩椅市场已达150多亿元，中国将成为继欧美市场后的最大家用按摩、健身器材市场。同时，随着我国消费水平和购买力的迅速提高，未来中国按摩椅产业将得到更快的发展。

但是，目前市场上，富士、松下和稻田等国外品牌几乎垄断了高端按摩椅的整个市场。而我国按摩椅企业生产以中低档为主的按摩椅产品，其品牌附加值不高，利润低，对按摩椅按摩方式、按摩工效和按摩舒适度的研究还处在早期探索阶段。

1.3.2　按摩椅的功能与结构

1.3.2.1　按摩椅功能与产品

利用机械滚动力、机械挤压力和气泵气压力实现机械滚动、机械挤压、机械敲击和机械振动等，模仿不同的手法按摩，实现按摩椅的基本按摩方式。

按摩椅的基本功能是模仿人工按摩的基本特点，按摩人体颈部、腰部、背部和腿部等按摩区域，以疏通人体经络，保证气血循环，保持机体的阴阳平衡，最终实现人体肌肉放松，关节灵活，并使按摩用户得到精神放松、消除疲劳和保持健康等基本保健疗效。

随着技术的持续更新，按摩椅产品不断升级换代，按摩椅产品由单一揉捏等简单的按摩方式，发展到现在集揉捏和指压等多种按摩方式为一体，并在用户颈肩、腰部、背部和腿部等部位实现了多功能按摩。

同时，越来越多的计算机技术、人工智能技术等自动化技术应用于按摩椅产品，其按摩方式正向智能化按摩方向发展。但是，我国按摩椅企业所掌握的核心技术还不够，缺少按摩方式和按摩工效等按摩椅人体工程学基础问题的系统研究，按摩椅工效设计与评价没有形成自己的一套体系，按摩椅功能还处在较低层次。

1.3.2.2　按摩椅结构

按摩椅一般由按摩椅框架、按摩机芯、按摩器包覆层和按摩椅蒙皮层等部分组成。

（1）按摩椅框架　按摩椅可简要地理解为在沙发等坐具上装上按摩器，各构建系统连接与融合，实现按摩工效。因此，按摩椅框架是在传统沙发等坐具的框架基础上改进而来，市场上按摩椅框架一般采用铁质材料，各构件经过焊接组装而成。按摩椅框架设计不仅需符合一般休闲坐具的人体工程学要求，还需要能方便调整靠背和脚蹬等角度。

（2）按摩机芯　按摩机芯包括按摩器、按摩器安装底座、控制面板和动力系统等。

目前市场上常用的按摩器有电机驱动式、滚动式、振动式和气压式等类别，通过按摩器实现揉捏、指压、拍打、振动和气压等按摩方式。其中电机驱动式是市场上常见的按摩椅腰背部按摩器，根据按摩实现结构的不同，可分为偏心轮揉捏式和机械手按摩式。控制面板，是连接按摩椅与使用者的人机交互工具，通过控制面板发出对应指令，实现各种按摩方式。动力系统，主要是指供电系统或充气泵，是提供按摩动力能源的关键环节之一。

（3）按摩器包覆层　为达到舒适和安全的要求，按摩椅按摩器上设计了包覆层。按摩器包覆层一般分内外三层：耐磨层、缓冲层和表面层。耐磨层直接与按摩器接触；表面层与用户直接接触。按摩器包覆层可调整用户和按摩头接触的力量和接触面积等参数，同时可避免由于身体和衣物等与按摩头直接接触而引发的意外伤害。

① 耐磨层　耐磨层直接与按摩头接触，其主要作用是防止按摩头运转产生的摩擦力磨损包覆层，并且避免损害人体的按摩部位。耐磨层绷紧之后可防止按摩头与衣物、头发等发生缠绕，导致意外事故发生。耐磨层一般要求耐磨且透气，能将其他两层传出的热量和湿气及时散发出去。

② 缓冲层　按摩头产生的机械力直接作用于人体按摩部位时，通常会产生不舒适感。缓冲层可抵消一部分按摩头的冲击力，并改变按摩部位的实际接触面积。缓冲层一般采用海绵作为填充材料，并根据按摩力度的大小，可针对性地调整海绵的密度和厚度。

③ 表面层　表面层是直接与用户接触的一层，包裹在按摩器的最外面。一般要求透气、保温、舒适和美观。

（4）按摩椅蒙皮层　蒙皮层是按摩椅整体美观和舒适的关键，使扶手、靠背、椅面和椅腿等视觉效果优美。而且，按摩椅蒙皮层与用户直接接触，需充分考虑蒙皮的手感、透气性、保温性等人体工程学指标，一般要求视觉肌理美观、触觉感受舒适、味觉感受友好。市场上常用的蒙皮材料为按摩椅专用 PU 皮革面料。

按摩椅结构设计需符合人体工程学的要求，根据人体脊柱曲线和坐姿、躺姿要求，模拟手法按摩原理，有利于按摩椅按摩功能的充分发挥，尽可能取得接近人工按摩的按摩工效和按摩舒适度。

1.3.3　按摩椅的按摩方式

按摩椅腰背部按摩，本质上就是通过按摩机构驱动按摩触头做一定规律的机械运动实现各种按摩方式。通常，根据按摩头运行轨迹的不同，可将按摩方式分为定点式按摩和连续式按摩两种按摩方式。

定点式按摩，主要针对人体腰背部不同部位，采取各种按摩方式对其特定的点或区域进行有针对性的按摩。其特点是按摩针对性强，通过改变按摩速度、靠背倾角和按摩时长等按摩参数，实现按摩工效的调整。

连续式按摩，通过丝杆或导轨沿着人体腰背部曲线上下或左右移动，可一次按摩就实现按摩腰背全部区域。连续式按摩不仅需改变按摩速度、靠背倾角和按摩时长等按摩参数，而且需控制按摩进给速度、按摩行程、按摩宽度和按摩路径等参数，才能实现按摩工效的有效调整。因此，连续式按摩参数控制设计更为复杂。

结合 GB/T 26182—2010《家用和类似用途保健按摩椅》，市场常见按摩椅的按摩方式可分为揉捏、指压、拍打、捶击、摇摆、振动和气动等类别。

（1）揉捏（knead） 按摩机芯依靠机械运动或气袋依靠气体压力模拟人手对人体进行揉、捏动作的按摩方式。

（2）指压（acupressure） 对肌肉垂直施力，针对特定指压部位施加稳健压力，进行精准按摩的按摩方式，可有效消除肌肉紧绷和压力。

（3）拍打（flap） 实际上是捶击动作的一种，捶击频率慢且变化，每一捶击周期中间有短暂间歇。

（4）捶击（tap） 按摩机芯依靠机械运动模拟人手对人体进行敲打动作的按摩方式。

（5）摇摆（waver） 按摩头以摇摆运动施加于人体按摩部位的按摩方式。

（6）振动（vibration） 利用电动机、电磁阀或弹性器件等实现振动按摩动作的按摩方式。

（7）气动（air-operated） 利用气袋中充放气体的压力作用于人体按摩部位，产生压迫和解除压迫的按摩方式。

揉捏、指压、拍打、捶击、摇摆、振动和气动等按摩椅按摩方式都是通过机械等装置模拟人工按摩手法，力求接近手法按摩的效果。通过调整相关参数，可改变、完善每种按摩方式的按摩工效。

1.4 按摩椅工效评价

1.4.1 按摩椅工效评价的研究现状

1.4.1.1 国外研究现状

（1）按摩效果评价方面 Bayrakci 等比较研究了机械式按摩和手法结缔组织按摩对女性身体脂肪的按摩作用效果，证明了机械按摩也可以消减脂肪。

Noto 等研究指出按摩产生了血管舒张、皮温升高和身体放松等生理反应，并有利于缓解肌肉紧张。Yuka 等通过研究背部按摩对心率和状态—特质焦虑的影响，表明按摩有较好的效果。Miyano 等研究表明，按摩促进血液流通和缓解肌肉疲劳。

Zullino 等研究表明，按摩椅按摩是缓解肌肉和精神紧张性价比高的一种方法，在滚动按摩、指压按摩和拍打按摩三种按摩方式中，拍打按摩的效果最不明显。Hernandez 等研究发现，按摩能有效缓解背部疼痛和压力荷尔蒙症状。Morales 等研究表明，按摩可缓解运动后的腿部局部肌肉疲劳。Sisko 等研究表明，按摩椅按摩能有效改善工作女性颈部和上背部骨骼肌肉疼痛症状。

以上按摩效果评价研究主要集中在按摩是否有实际效果以及单一按摩方式按摩前后按摩效果的对比研究，没有深入揭示按摩界面特征和按摩参数对按摩方式、按摩工效和按摩舒适度的影响规律。

（2）按摩效果评价手段方面　Mori 等借助激光血流测量仪，分析按摩引起脊柱周边肌肉血量、皮肤血流和肤表温度的变化情况，评价促进血液循环和缓解肌肉疲劳的按摩效果。Holey 等利用红外热成像技术，分析皮肤温度指标，评价按摩改善舒张压的实际效果。Sefton 等利用非接触式红外线热成像技术，评价按摩前后颈部和肩部的温度变化情况。

Diego 等运用脑电图和心电图，对比研究适度按摩、轻度按摩和振动刺激按摩三种模式缓解按摩人群的焦虑和压力情况。Teramae 等利用数据收集和神经网络等手段，涉及了基于脑电图数据不舒服感觉的评价方法，并研究了人体皮肤弹性和手指按摩力量之间的关系，这是基于脑电的舒适性评价的雏形。

以上按摩效果的评价主要通过激光血流测量仪、红外线热成像、心电和脑电等测量评价手段，分析血流、皮肤表面温度、心率和脑电波等评价指标的变化情况，但是各评价指标的优先级及其可行性等方面的研究还没有涉及，且缺少对各指标之间相互关系的研究。

（3）按摩效果评价的测试装置方面　Hiyamizu 等开发了人体感觉传感器，可测试按摩人群的皮肤温度、脉搏和皮电反应（GSR）等生理信号，为按摩效果试验测试提供了可能和思路。Kawahara 等研究开发了非接触式阻抗传感器，为其在按摩器领域的试验测试应用提供了方案。

Minyong 等提出了混合阻抗和力量控制法，以人体皮肤肌肉模型设置控制参数，实现多指机械手按摩穴位控制。

以上测试装置的研究主要集中在传感器等技术在按摩效果评价应用方面，但是没有涉及按摩椅按摩方式基础试验装置方面的研究。

（4）舒适度与按摩舒适度　舒适度的概念没有统一标准定义，一般认为舒适是人体对外界刺激物的一种反应。

Looze 等提出舒适是人的一种主观表达，是人体对外部环境的一种反应。其他一些学者认为，舒适是一种状态或一种关系。Shackel 等认为舒适与不舒适处于一个连续量的两端，从非常不舒适到十分舒适的过程中存在中间状态。Corlett 等认为，舒适度是人体各部位感觉的综合感受，当人体感觉处于平衡时，人体就会觉得比较舒适；当平衡因外界因素而破坏时，人体就会不舒适。Hertzberg 提出，舒适与不舒适是两种知觉状态，即舒适就是没有不舒适。

总之，舒适从外刺激引起反应和一种状态等角度进行定义，按摩舒适度是按摩刺激后人体的主观感受，按摩舒适度的主观评价是从舒适度的状态角度来进行评价设计的。因此，相关文献对舒适度定义的研究，对按摩椅的按摩舒适度评价具有一定的参考价值。

1.4.1.2　国内研究现状

（1）按摩效果评价方面　杨钟亮、孙守迁和陈育苗等研究了机械式按摩椅缓解肌肉疲劳的绩效，设计并提出了基于表面肌电（sEMG）信号的人机评价模型；通过拍打按摩试验，验证了该模型在按摩椅按摩效果人机评价上的可行性。

刘海洲、李旗和蔡国峰等检验了亚健康老年人的外周血清，认为推拿对血清中的一氧化氮、丙二醛、超氧化物歧化酶产生积极影响，有利于调节中老年人的免疫平衡。

宋杰研究了按摩椅揉捏式按摩的特性与按摩工效，通过相关测试试验，阐析了按摩对按摩椅的体压分布、按摩舒适度、按摩部位人体表面温度和肌肉疲劳度等方面的作用规律，为按摩椅揉捏按摩的影响因素和影响规律的揭示提供了参考。

以上按摩效果评价研究主要集中在揉捏按摩的按摩工效，还没有对揉捏、指压和拍打等多种按摩方式的按摩工效进行比较研究，更没有涉及按摩界面特征和按摩参数如何影响按摩方式、按摩工效和按摩舒适度等问题。

（2）**按摩效果的评价手段方面**　张峻峰、孙德斌和韩丑萍等利用表面肌电试验，研究了按揉法对治疗胫骨运动疲劳的按摩效果，其结果表明按揉法有较好的治疗效果，但没有深入研究其中的影响机理。郑娟娟、赵毅和沈雪勇等运用红外热像仪，观察了机械振动按摩对正常人体局部温度的影响，结果表明机械振动按摩器在频率为 900 次/min 的情况下，人体局部温度升高明显，且按摩效果持久。

邵婷婷主要采用了主观评价、尺寸测量、皮肤表面温度（ST）测试、体压分布测试和脑电测试等主客观试验法，阐明了按摩头转速、按摩时间、覆面材料、气囊按压等按摩参数对按摩工效与按摩舒适度的作用规律，为按摩工效及其舒适度研究提供了初步的基础参考。陈浩森运用脑电试验（EEG）和主观评价法，研究了按摩椅按摩舒适度评价，通过分析脑电数据，初步解析了揉捏按摩前后的脑电信号变化规律。

以上评价手段主要涉及按摩工效和按摩舒适度评价的皮肤温度、肌电和脑电等方面，但是没有对比分析相应各评价指标及其相互关系，更没有提出按摩工效和按摩舒适度评价时优先指标建议。

（3）**按摩机器人和自动控制方面**　中国台湾学者 Chih-Cheng 等通过利用 CCD 图像处理技术与逆向工程等方法构建按摩路径。机器手按照按摩路径与流程，进行推拿和揉捏动作，获得最佳的治疗效果。通过数字心电图仪获取心血管生理参数，分析其生理反应，可有效改善按摩效果。

王占礼、庞在祥和张邦成等研究了仿人按摩机器人手臂，该研究依托传统中医按摩理论，利用机器人定位精度高、按摩力量精确可控、动作可准确重复和不会疲劳等特点，构建了中医按摩机器人平台。我国学者 Wang 等构建了模拟人手按摩的机器人按摩平台，提出并论证了机器人按摩的评价方法。

王洪玲和刘存根等将模糊控制策略应用到按摩机器人的力度控制，通过仿真对比不同控制器所产生的按摩机器人按摩力度变化，论证了按摩机器人力度控制的可行性。

洪家平和高美珍等研制了 PIC58BS 单片机为处理芯片的电动按摩椅，设计了硬件电路、软件系统以及抗干扰措施，该系统运行良好。吴永明、刘锦玲和罗海据等研制了基于 PIC16F74 单片机的电动按摩椅，王少蘅和马平等设计了基于 RTX51 的按摩椅电机动作系统，以上研究都对按摩椅自动控制进行了有益探索。

吴永明和罗海据等研制了具备学习功能的电动按摩椅控制系统，采用互锁电路和按响应时间分类的电控系统，提供自动按摩和个性化按摩等模式选择，具备学习功能，提升按摩椅的自动控制水平。张新荣设计研究按摩机转速及按摩方式控制系统，实现人机交互与按摩功能。仇高贺、华岗和林静研等研究了按摩椅按压力度控制方法，以皮肤阻抗控制模型代替普通按摩椅挡位控制法，提升了智能化水平，推动了按摩椅向智能方向发展。

以上研究主要集中在按摩椅自动化和智能化方面，缺少针对基于人体工程学的按摩工效和按摩舒适度等基础问题的深入研究，从而导致虽然提升了按摩椅的自动化程度，但是按摩椅按摩工效和按摩舒适度还未得到本质提升。

（4）中医按摩理论方面 中医按摩理论研究主要集中在以下方面：

谢元华研究了按摩推拿学基础理论构建，提出了人是有机整体、整体的相对性和变化中的相对性等观点，认为按摩学是人与环境的统一、身与心的统一。李华东系统解构了中医文献，运用中医理论和文献研究法，全面系统整理与总结推拿的古代文献，以临床实际为补充，重新定位、再认识推拿的发展源流。王先滨研究了古代推拿历史，通过梳理历史文献，整理各朝代著作中推拿按摩相关文献，分析论证了中国"推拿"的发展历程，且认为中国古代没有构建独立完整的推拿理论体系。刘焕兰通过分析生存质量，研究了中医保健按摩对提高老年人生活质量的影响，并提出抗衰延年的可能作用机制，为中医按摩提升老年人生活质量推广应用提供参考依据。

以上研究包括按摩的历史、手法按摩的基本原理和基本疗效，对按摩椅按摩方式和按摩工效的研究具有一定的借鉴作用。

综上所述，国内外研究主要集中在按摩工效的评价、评价手段与测试装置、机器人按摩、按摩椅自动控制以及中医按摩理论等方面，其中的部分思路和方法值得借鉴。但是，仍存在三方面的不足与问题。首先，虽然采用了按摩工效的多种评价指标，但各评价指标之间的关系还未研究；其次，虽然进行了按摩工效评价研究，但是按摩界面特征和按摩参数的优化以及不同按摩方式的按摩工效对比研究还很少涉及；最后，不同组合按摩方式的按摩舒适度研究，还未见相关文献记载。

因此，在综合分析国内外相关研究的基础上，采用酸胀度和舒适度等主观评价法以及皮肤表面温度法（ST法）、表面肌电法（sEMG）和脑电试验（EEG）等方法，从按摩界面特征和按摩参数等角度，研究按摩椅腰部和背部的按摩方式、按摩工效和按摩舒适度，具有重要的理论和实际价值。

1.4.2 按摩椅工效评价方法

（1）试验法　采用生理指标测试试验法，分析按摩工效与按摩舒适度，主要包括皮肤温度试验、表面肌电试验和脑电试验等。

① 皮肤温度试验（ST）　通过数字温度计记录按摩前、按摩中和按摩结束时各时间点的温度，分析对比其温度和最高温度、温度梯度和最高温度梯度等指标的变化情况，判断评价按摩工效。

② 表面肌电试验（sEMG）　表面肌电的基本原理是利用表面电极及相关配套设备，采集中枢神经系统支配肌肉活动时伴随的生物电信号，分析肌电数据，评价神经肌肉状态和活动水平。肌电仪采集的原始肌电信号是一组一维时间序列信号（神经肌肉系统活动的生物电信号），为表面电极采集的许多运动单元发放的动作电位总和。按摩椅按摩工效肌电试验时，运用肌电仪记录按摩部位按摩前、按摩中和按摩结束等按摩全程的肌电信号，分析比较按摩全程肌电信号变化的趋势，客观评价按摩工效。

③ 脑电试验（EEG）　脑电试验是研究人体生理心理反应状态的重要方法。大脑表面被中央沟、顶枕裂和大脑外侧裂分成额叶、颞叶、顶叶和枕叶。其中，额叶位于中心沟之前、外侧裂之上，主要负责处理运动功能以及智能与情感等机能；颞叶，位于外侧裂的下方、顶枕裂和枕前切迹连线的前方，主要负责处理听觉功能；顶叶，位于中心沟之后、顶枕裂之前、外侧裂之上，主要负责处理感觉和言语功能；枕叶，位于顶枕裂后方，主要负责处理视觉功能。由于按摩时的脑电试验内容为按摩压力产生的感觉试验，因此选择顶叶作为脑电研究的部位。

一般脑电波分为 δ 波、θ 波、α 波和 β 波四种类型。运用脑电仪采集按摩全程的 α 波、β 波、θ 波和 δ 波四种脑电波信号，通过分析比较按摩全程脑电波的变化趋势，评价按摩舒适度。

（2）主观评价法　为了能够有效地将舒适度的抽象概念转化成具体的数值，问卷运用量表形式。量表设计采用"语义微分法"，通常将评价对象有关的形容词与评价尺度量化标准一一对应，定量化主观反应模糊感受。酸胀度主观评价（SZ）和按摩舒适度评价（CS），依照主观评价表的要求，记录被试者按摩时的酸胀度、舒适度等主观感受等级，进行按摩工效和按摩舒适度的主观评价。

（3）**统计分析法** 通过分析将要研究对象的规模、速度、范围和程度等数量关系，揭示其相互关系、变化规律和发展趋势，正确解释和预测事物的研究方法。利用 SPSS 等统计工具，进行不同按摩统计变量的单因素方差分析、相关分析和描述性统计等，揭示按摩因素对按摩工效的影响规律。

1.4.3 影响按摩椅工效的因素

专业按摩技师的自身技艺通常直接影响手法按摩的工效。通过深入访谈专业按摩技师及查阅相关文献，一般认为人工按摩主要受按摩力度、按摩时间以及按摩频率等变量要素的影响。按摩椅机械按摩是模拟人工按摩，所以按摩椅通过控制参数设计与调节，目的是获取无限接近人工按摩优质工效的按摩椅优化界面和参数。目前市场上，按摩椅可调节的控制参数包括按摩转速、按摩频率、靠背倾角和按摩时间等变量。同时，影响按摩椅按摩工效的因素还包括按摩头形状、按摩头大小、按摩器包覆层、按摩方式和按摩部位以及按摩路径和按摩区域等。

（1）按摩转速和按摩频率 按摩椅的按摩转速和按摩频率会直接影响按摩工效，过高或过低的转速和频率会产生按摩的负作用。根据国家标准 GB/T 26182—2010《家用和类似用途保健按摩椅》，一般推荐值为：揉捏速度应控制在 3～83 次/min；捶击速度应控制在 25～1700 次/min；振动速度控制在 34～7300 次/min；摇摆速度控制在 34～150 次/min。

（2）靠背倾角 由于按摩椅靠背角度影响腰背部按摩的压力，所以靠背倾角是按摩椅设计时考虑的重要参数。按摩椅的靠背倾角通常是可以自由调节的，以适应不同用户的需求。目前市场上通过调整靠背倾角，开发了零重力按摩椅，使人体各部分肌肉达到最放松的状态。

（3）按摩时间 人工按摩时，有经验的按摩技师会根据对象的差异等因素，调节按摩时间，以达到最佳的按摩效果。按摩椅按摩也是如此，按摩时间会影响按摩工效。国家标准 GB/T 26182—2010《家用和类似用途保健按摩椅》推荐值为：按摩椅应有自动停机功能，从开机到自动停机的时间需符合使用说明书标定的时间，一般应不大于 30min，其误差不大于±2%。

（4）按摩头形状和大小 按摩头和按摩部位接触密切，它的形状和大小会直接影响按摩效果。按摩头形状和大小设计应符合按摩舒适度和按摩工效最优化的要求。由于是模拟人工按摩，按摩头设计应尽可能模拟手法按摩时接触面的实际形态。

（5）**按摩器包覆层**　按摩器包覆层直接与人体按摩部位接触，它对用户的按摩舒适度、按摩接触面积及压力等产生直接影响。改变按摩器包覆层的厚度和材料，可调整按摩工效和按摩舒适度。按摩器包覆层科学设计可有效提升按摩椅工效。

（6）**按摩方式和按摩部位**　不同的按摩方式可产生不同的按摩工效，不同的按摩部位运用同种按摩方式也会产生不同的按摩工效和按摩舒适度。按摩方式和按摩部位之间的优化匹配，可产生更优的按摩工效和按摩舒适性。

（7）**按摩路径和按摩区域**　按摩路径包括按摩头的路径和按摩器的路径。常见按摩头的路径可分为转动式和直线移动式；按摩器的运动路径是指按摩器在人体腰背部移动的轨迹。按摩路径的不同，按摩的效果也不一样。按摩时，不同按摩区域的敏感度是不一样的，按摩范围大小不同，按摩效果也是不一样的。

总之，按摩转速、按摩频率、靠背倾角、按摩时间、按摩头形状与大小和按摩器包覆层等因素，直接关系按摩力度与按摩体验，进而影响按摩工效。同时，由于按摩时间、按摩方式、按摩路径、按摩部位和按摩区域等因素的不同，同样会直接影响按摩工效和按摩舒适度。

第 2 章
按摩椅工效评价指标

在按摩椅按摩方式、按摩工效和按摩舒适度研究中，可选择温度、表面肌电、脑电、血压、心率、酸胀度和主观舒适度等多项评价指标，但是不同评价指标会直接影响按摩工效评价的有效性和准确性。因此，运用相关分析法，解析按摩工效不同评价指标之间的相互关系，为按摩工效和按摩舒适度研究时合理、有效选择优先评价指标提供可行建议。

2.1 按摩工效的评价指标

2.1.1 客观评价指标

（1）温度指标 按摩时，按摩部位局部的微循环发生变化，可使血管扩张，血流量增加，导致按摩部位的皮肤温度升高，因此可通过温度变化来分析按摩工效。温度指标可细分为平均温度、最高温度、温度梯度和最高温度梯度等指标。

将试验中记录的温度进行统计计算，分析求得平均温度、最高温度；由温度分布矩阵推算求得温度梯度，温度梯度是 i 列矩阵，i 为温度测量次数。温度梯度（GT）是相邻测量点温度值之差（即后一个测量点的温度值减去前一个测量点的温度值）。同时，最高温度梯度（GT_m）是指每列温度梯度中的最高值，平均温度梯度（GT_{av}）是各温度梯度的平均值。它们的计算公式表示如下：

$$GT = T_{i+1} - T_i \tag{2-1}$$

式中，i 为测点测量的次数；T_i 为测量点的温度；

$$GT_{av} = \frac{1}{N} \sum_{j=1}^{N} GT_j \tag{2-2}$$

式中，N 为测量点测量次数 i 减去 1（即 $N = i - 1$）；GT_j 为温度梯度。

$$GT_m = \max(GT_{a1}, GT_{a2}, \cdots, GT_{an}), \cdots, \max(GT_{x1}, GT_{x2}, \cdots, GT_{xn}) \tag{2-3}$$

式中，GT 为温度梯度；$a \sim x$ 为 N 列；n 为被试者人数。

（2）表面肌电指标　通过信号采集设备，采集肌肉活动时的生物电信号，统计分析肌电数据，运用时域和频域指标，评价神经肌肉状态和活动水平，它是一种定量分析肌肉外部负荷与内部反应之间关系的无创伤生理试验法。

按摩椅工效肌电试验时，运用肌电仪记录按摩部位按摩全程的肌电信号，运用 Matlab 和 Excel 等软件对试验获取的肌电信号进行分析与处理，比较肌电信号的时域和频域指标的变化趋势，研究验证其按摩工效。

在表面肌电试验中，肌电信号处理时，通常采用时域分析法和频域分析法。时域分析法的指标包括表面肌电绝对值积分（iEMG）和均方根值（RMS）；频域分析法的指标包括平均功率频率（MPF）和中位频率（MF），其公式表示如下。

① 表面肌电绝对值积分（iEMG）

$$iEMG = \int_t^{t+T} |EMG(t)| \, dt \tag{2-4}$$

② 均方根值（RMS）

$$RMS = \sqrt{\frac{1}{T} \int_t^{t+T} EMG^2(t) \, dt} \tag{2-5}$$

其中，$EMG(t)$ 为 sEMG 信号函数；t 为时间；T 为截取的肌电信号对应的时长。

查阅相关文献，较多研究表明，随着疲劳的增加，表面肌电绝对值积分先升高后降低；随着疲劳的增加，均方根值不断升高。

③ 平均功率频率（MPF）

$$MPF = \frac{\int_0^{\infty} f \cdot PSD(f) \, df}{\int_0^{\infty} PSD(f) \, df} \tag{2-6}$$

④ 中位频率（MF）

$$MF = \frac{1}{2}\int_0^\infty PSD(f)\,df \qquad (2-7)$$

其中，$PSD(f)$ 为 sEMG 信号功率谱密度函数；f 为 sEMG 信号经傅里叶变换后的频率。

查阅相关文献，较多研究表明，疲劳时，功率谱大多由高频向低频漂移，即 MF 和 MPF 值相应下降。

根据相关研究，同时采用时域指标和频域指标研究肌肉疲劳是一种有效的方法，为提高试验研究效率，后续研究中选择时域指标表面肌电绝对值积分和频域指标平均功率频率，共同分析研究腰背部的按摩工效。

（3）脑电指标　脑电分析时，一般通过电极采集脑电信号。目前，脑电试验（EEG）研究通常采用国际脑电图学会标定的 10-20 电极导联定位标准，10-20 电极导联系统电极名称的匹配情况如表 2-1 所示，本脑电试验选择顶叶对应的 P3 和 P4 电极为研究电极。

表 2-1　电极分布和代号名称

部位	英文名称	电极代号
前额	frontal pole	Fp1、Fp2
侧额	inferior frontal	F7、F8
额叶	frontal	F3、Fz、F4
颞叶	temporal	T3、T7、T4、T8
中央	central	C3、Cz、C4
后颞	posterior temporal	T5（P7）、T6（P8）
顶叶	parietal	P3、Pz、P4
枕叶	occipital	O1、O2
耳	auricular	A1、A2

注：Fz 为额中线；Cz 为中央头顶；Pz 为顶中线。

同时，在脑电分析时，需分析脑电波的频率分布。一般认为，脑电波的频率在 0.5～30Hz，国际脑波学会（OSET）根据频率的不同，将常见的脑波定义为 δ 波、θ 波、α 波和 β 波，同时结合 EEG 软件对脑电波的分类，每种脑电波所代表的生理意义如表 2-2 所示。

表 2-2　脑波类型和生理状态

类型	频率	位置	生理状态
δ 波	0.5～3.5Hz	多见于额叶，高振幅波	δ 波为优势脑波时，为深度熟睡和无意识状态
θ 波	4～7Hz	两侧对称，多见于颞区	θ 波为优势脑波时，人的意识中断，身体深沉放松，这是一种高层次的精神状态。θ 波对触发深层记忆、强化长期记忆等帮助大
α 波	8～12Hz	多见于头后部的区域，两侧，占优势一侧波幅较高	α 波为优势脑波时，人的意识清醒，但身体放松，它提供了意识与潜意识的桥梁。在这种状态下，身心能量消耗最少，α 波是人们学习和思考的最佳脑波状态
β 波	13～30Hz	两侧，对称分布，额叶处最明显，低振幅波	β 波为优势脑波时，人大部分处于清醒状态。随着 β 波的增加，身体逐渐呈现紧张状态，在此状态下身心能量消耗较大，快速疲倦。然而适量的 β 波，对积极注意力的提升和认知行为的发展起到关键性的作用

一般来说，当 θ 波增多时，表明大脑处于放松状态，身体也放松，舒缓人的精神压力；当 α 波增多时，则表明神经细胞兴奋度增加。因此，选择 θ 波和 α 波作为主要的测量和观察波型，选择 θ 波和 α 波所占比例来分析 θ 波和 α 波的变化。

因此，脑电试验时，可选择脑电的 P3 和 P4 电极，并选择其 θ 波和 α 波所占比例为脑电评价指标，研究按摩舒适度。

（4）**血压指标**　日常生活中所讲的血压一般是指动脉血压，即血液在血管内流动时作用于血管壁的压力，它是推动血液在血管内流动的动力。心室收缩，血液从心室流入动脉，此时血液对动脉的压力最高，称为收缩压。心室舒张，动脉血管弹性回缩，血液仍慢慢继续向前流动，但血压下降，此时的压力称为舒张压。

在中枢神经系统的综合作用下，血压随着精神状态、生活节奏、饮食习惯、天气变化、年龄、姿势、药物、遗传等因素的变化而升高或降低。按照调节恢复的速度，血压调节机制可分为快速调节机制和缓慢调节机制。

在按摩椅按摩过程中，当被试者感觉放松时，人体血压会有一定的回落，但是从按摩全程来看，人体血压的波动不明显。根据预试验结果，尤其在按摩工效比较研究时，血压指标难以实现对比分析，所以后续进行评价指标相互关系研究时，暂不考虑血压指标。

（5）**心率指标**　心率即心脏跳动的频率，是指心脏每分钟跳动的次数，表示心脏跳动的快慢。正常成年人的心率为 60～100 次/min，平均为 75 次/min 左右。由于年龄、性别以及健康等生理状况的差异，心率也不一样。经常进行体力劳动和体育锻炼的人，平时心率较慢。即使是同一个人，在安静或睡眠时心率变慢，运动时或情绪激动时心率加快，在某些药物或神经体液因素的影响下，心率会加快或减慢。影响心率的因素很多，如体位改变、体力活动、食物消化、情绪焦虑、妊娠、兴奋、恐惧、激动、饮酒、吸烟等。

在按摩椅按摩过程中，当被试者感觉舒服时，人体的心率会有一定的下降；当被试者感觉到有些疼痛时，心率会稍微上升。但是，在按摩过程中，发现其变化不明显。根据预试验结果，在按摩工效比较研究时，心率指标难以实现其比较分析，所以后续进行评价指标相互关系研究时，暂不采用心率指标。

2.1.2 主观评价指标

（1）酸胀度 按摩时，人体会产生与针灸后相类似的得气感，即"酸、麻、胀、热"等感觉。酸胀感是人体按摩后直接的主观感受，酸胀是按摩工效的重要体现，因此将酸胀度作为分析按摩工效的重要评价指标。

采用心理学工具语意微分法和自由模量估算法，对按摩过程中酸胀主观感受进行评价，测量被试者按摩部位酸胀感觉的量化值。

通常采用5级主观感受等级量表，把人体对按摩作用刺激程度的酸胀感受划分为不酸胀、有点酸胀、比较酸胀、酸胀四个等级和有些不舒适一个等级，评分标准如表2-3所示。

表2-3 酸胀度评分标准

等级	0	1	2	3	4
酸胀感受	有些不舒适	不酸胀	有点酸胀	比较酸胀	酸胀

有些不舒适这个等级的设计主要是为了更准确反映其酸胀感，它是酸胀感等级的辅助等级，因为当按摩过程中出现不舒适时，说明可能损害身体，按摩效果可能是负面的。

在试验过程中，记录被试者按摩部位酸胀感觉量化值（记为 AS），比较酸胀值的变化幅度（简称酸胀度，记为 ΔAS，后续研究中酸胀度指酸胀值的变化幅度），判断评价按摩工效的优劣。酸胀度为按摩后酸胀值减去按摩前酸胀值，其计算方法如下：

$$\Delta AS = AS_{按摩后} - AS_{按摩前}$$

（2）**按摩舒适度** 按摩过程中，人体感受到的舒适度是不同的，舒适度也是评价按摩椅按摩舒适与否最直观的指标参数。通过语意微分法和自由模量估算法，将主观感受转换成舒适度评价值，并记录主观舒适值，绘制成趋势图，进行分析与评价。

采用 7 级主观感受等级量表，把人体在按摩过程中的舒适度感觉划分为极不舒适、不舒适、有点不舒适、一般、比较舒适、舒适和极舒适，对应等级为 0~6，具体如表 2-4 所示。

表 2-4 舒适度主观评分标准

等级	0	1	2	3	4	5	6
感受	极不舒适	不舒适	有点不舒适	一般	比较舒适	舒适	极舒适

2.2 评价指标的相互关系

（1）试验条件与要求

① **试验对象** 根据预试验结果，为保证研究结果的准确性，随机选取 8 名被试者参加试验。8 名被试者为身体健康的学生，被试者均无肌肉、骨骼和心血管等疾病。其中，男性 4 名，其基本生理信息如下：平均年龄 26 岁，平均身高 169.6cm，平均体重 63.1kg；女性 4 名，其基本生理信息如下：平均年龄 24.5 岁，平均身高 161.2cm，平均体重 52.3kg。

② **试验环境** 脑电试验（EEG）等试验环境要求高，为保证试验数据采集的有效性和准确性，试验一般要求在安静和相对封闭的环境，且其周围没有较强工频的干扰源，还须减少手机等日常电子产品的干扰。在试验时，室温由中央空调控制在 25℃左右，试验空间只留 1 名主试者和 1 名被试者，最大程度地减少外界因素对脑电试验的干扰和影响。

③ **腰背部的按摩部位** 腰部按摩位置主要肌肉是竖脊肌，背部按摩位置主要肌肉是肩胛骨内侧下部的斜方肌；同时，结合人体腰背部经络穴位分布情况，腰部主要分布肾俞和气海俞等穴位，背部主要分布膈俞和肝俞等穴位。

竖脊肌，背部力量支撑的重点肌肉群，纵向排列在脊柱两侧的沟内。竖脊肌是背肌中最长最大的肌肉，位于腰部 L3 腰椎至 L4 腰椎之间脊柱左右两侧 2cm 肌腹隆起处。竖脊肌控制脊柱的弯曲，双侧竖脊肌拉伸可使脊柱向后伸，单侧拉伸可使脊柱侧弯。

斜方肌，位于颈部和背部的浅层，为三角形阔肌，两侧合在一起呈斜方形。斜方肌的主要作用是拉动肩胛骨向脊柱方向运动。上部肌束位于肩部，可以提升肩胛骨；下部肌束位于背部，向下拉动肩胛骨。

根据按摩穴位的分布特点，腰部穴位主要分布在足太阳膀胱经，肾俞在第二腰椎棘突下侧，气海俞位于第三腰椎棘突下侧，水平位置在脊椎骨左右两侧旁开 1.5 寸（约 3～4cm，这里的寸是指"同身寸"）处。脊椎中点和肩胛骨的内侧距离是 3 寸，它的二分之一就是 1.5 寸。骶骨没有棘突，从骶骨向上的第一个棘突就是第五腰椎，往上依次找到第三腰椎和第二腰椎，这样就定位了腰部的气海俞穴位和肾俞穴位。

背部膈俞穴位于第七胸椎棘突下侧，肝俞穴位第九胸椎棘突下侧，脊椎骨左右两侧旁开 1.5 寸（约 3～4cm）处。脊椎中点和肩胛骨的内侧距离是 3 寸，它的二分之一就是 1.5 寸。肩胛骨下角连线与第七胸椎平行，与膈俞的高度一致，往下可找到第九胸椎，这样定位了膈俞穴位和肝俞穴位。

（2）试验设备

① 试验用按摩椅　选用市场上常见的按摩椅为基本型。通过与浙江某按摩椅厂家合作，改进其中的一些设计，以符合试验研究需要。该按摩椅包括揉捏式、指压式和拍打式三种按摩方式。

② 数字温度计　采用 BD-Ⅱ-604 型数字皮温计，测量人体各部位的皮肤温度。该仪器采用 K（CA）NiCr/NiAl 合金热电偶温度传感器采集人体温度变化信号，测量精度为 0.1℃。

③ 肌电和脑电仪器　肌电与脑电采集设备选用德国 Brain Products（BP）公司生产的 BrainAmp Standard 多用途便携式生物电信号采集系统和配套的 Vision Recorder 采集软件。该仪器可测量肌电、脑电和脑事件相关电位等多种生理信号，采集信号的精度较高，如图 2-1 所示。肌电试验时，电极选用上海钧康医用设备有限公司生产的心电电极，实物如图 2-2（a）所示。该电极是银/氯化银电极，直径≤10mm，交流阻抗≤3kΩ，直流失调电压≤100mV。脑电试验时，采用电极帽，实物如图 2-2（b）所示。

（3）试验设计

① 按摩方式、按摩界面特征和按摩参数设计　根据预试验情况，评价指

(a) 电源

(b) 放大器

(c) 采集器

图 2-1　脑电（肌电）仪器

(a) 肌电电极及相关组件

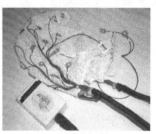
(b) 脑电电极帽

图 2-2　电极和电极帽（实物拍摄）

标研究采用揉捏式腰部按摩。按摩界面特征为：按摩头形状为椭圆形，按摩头大小为椭圆形中，按摩器包覆层厚度为 3mm。按摩参数为：按摩转速为 20r/min，靠背倾角为 100°，按摩时长为 15min。

② 皮肤表面温度试验　在试验前，告知被试者试验的注意事项和要求，熟悉试验基本流程。为保持与其他试验数据对比的一致性，温度按摩试验时长设为 15min，记录按摩椅按摩开始时的温度，接下来每隔 2min 记录 1 次温度，最后记录按摩结束时的温度，共计记录 9 次温度，数据分析时选取前面 8 项温度值，这样温度梯度也为 8 项。

③ 肌电信号采集与处理　为了保证各试验的一致性，按摩全程时间为 15min，测试并记录腰部竖脊肌的肌电信号。在所采集的肌电信号中，选取按摩过程中第 0 分钟、第 2 分钟、第 4 分钟、第 6 分钟、第 8 分钟、第 10 分钟、第 12 分钟和第 14 分钟共 8 个时间点，截取时长为 15s 的肌电信号，这样一共选取 8 段肌电信号进行分析处理。按摩开始前，做腰背部的疲劳练习，腰背部疲劳后，进行腰背部按摩，记录按摩全程的肌电信号，分析采用的肌电指标为 iEMG 和 MPF。

表面肌电绝对值积分（iEMG）和平均功率频率（MPF）等分析处理包括以下四个步骤：一是通过 EEG 肌电（脑电）仪采集的腰部 15min 肌电信

号，运用 EEGlab 软件，进行滤波和去除伪迹等一系列处理，获得更准确的肌电信号；二是在 EEGlab 软件中，进行傅里叶转换（FFT）；三是在 Matlab 软件中，采用计算表面肌电绝对值积分（iEMG）和平均功率频率（MPF）的模块，进行表面肌电绝对值积分（iEMG）和平均功率频率（MPF）的计算；四是在 Excel 软件中，将 Matlab 软件计算获得的表面肌电绝对值积分（iEMG）数值和平均功率频率（MPF）数值进行绘图，研究按摩工效。

④ 脑电信号采集与处理　大脑表面被中央沟、顶枕裂和大脑外侧裂分成额叶、颞叶、顶叶和枕叶。其中，顶叶位于中心沟之后、顶枕裂之前、外侧裂之上，为躯体感觉的高级中枢，主要负责处理感觉和言语功能。由于按摩的脑电试验内容为按摩压力产生的感觉试验，所以选择顶叶为脑电研究部位。同时，顶叶位置对应的脑电电极为 P3 和 P4，所以选择 P3 和 P4 电极为分析电极。

电极帽是重要组成仪器之一，标准银/氯化银（Ag/AgCl）电极可将 DC 偏移最小化，32 导电极帽电极分布如图 2-3 所示。

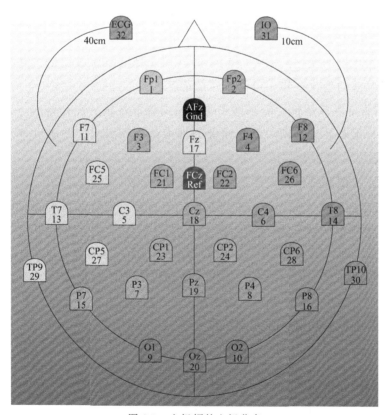

图 2-3　电极帽的电极分布

脑电信号采用脑电仪采集记录。在试验前，告诉被试者脑电试验的注意事项和要求，熟悉试验基本流程。为了保证各试验的一致性，记录按摩全程的脑电信号，在按摩第 0 分钟、第 2 分钟、第 4 分钟、第 6 分钟、第 8 分钟、第 10 分钟、第 12 分钟和第 14 分钟共 8 个时间点上，截取时长为 6s 的脑电波，分析各类脑电波所占比例，研究按摩舒适度。

处理软件采用 BP 公司的 Analyzer 2.0 软件，可对记录的脑电信号进行人工伪差剔除和频谱图预览等。处理方式采用节点式，可对处理操作进行分步保存、复制和删除，可对滤波信号进行叠加对比，还可进行快速傅里叶分析（FFT）和数字滤波等。脑电波的分析处理主要包括四个方面：一是通过 EEG 脑电仪采集的 15min 的脑电波，运用 Analyzer 2.0 软件，进行滤波、纠正眼电和去除伪迹等一系列处理，获得更准确的脑电波信号；二是提取每个时间节点时长为 6s 的脑电波，每一分段包括 32 个电极的脑波曲线，分析时选取 P3 和 P4 电极的脑电波；三是试验中出现的干扰波数量不一致，因此在分段上，选取等距的 8 个时间节点分段进行快速傅里叶转换（FFT），以分析 8 个时间节点之间各种脑波的变化情况，评价指标是每个时间点分段内 δ、θ、α 和 β 四种脑电波所占的比例；四是通过分析 0.5～30Hz 的 δ、θ、α 和 β 四种脑电波所占比例的变化，以 P3 和 P4 的 θ 和 α 脑电波所占比例变化为研究指标，分析脑波的变化趋势，研究按摩舒适度。

⑤ 酸胀度主观评价　酸胀度主要采用主观评价法。在试验前，告知被试者评价的标准和注意事项，熟悉评价的基本流程和要求。酸胀度评分标准见表 2-3 内容。在试验时，记录按摩开始时腰部按摩部位的酸胀度，每隔 2min 记录一次，在试验结束时，再记录一次，共计 8 次。

⑥ 按摩舒适度主观评价　在试验前，告诉被试者评价的基本标准和注意事项，熟悉评价的流程和要求，舒适度评分标准见表 2-4 内容。试验时长 15min，按摩开始时先评价一次，接着每隔 2min 评价 1 次，共记录 8 次舒适度。

经过皮肤温度、表面肌电、脑电、酸胀度、按摩舒适度等系列试验，采集试验数据，运用 Excel 软件，经过分析处理，得到 8 名被试者各个测量点的各指标数据的平均值如表 2-5 所示。

表 2-5　各指标试验数据

测量点 \ 指标	酸胀度	舒适度	温度/℃	温度梯度/℃	iEMG/μV	MPF/Hz	P3 的 θ 波比例/%	P3 的 α 波比例/%	P4 的 θ 波比例/%	P4 的 α 波比例/%
1	1	3.3	31.36	0.6	164.07	140.27	12.5	49.3	12.7	41.2

测量点＼指标	酸胀度	舒适度	温度/℃	温度梯度/℃	iEMG/μV	MPF/Hz	P3的θ波比例/%	P3的α波比例/%	P4的θ波比例/%	P4的α波比例/%
2	0.9	3.4	32.1	0.56	194.07	160.09	13.2	45.4	12.8	42.3
3	1.4	3.5	33.04	0.5	207.77	184.17	15.6	42.1	14.3	36.1
4	0.8	3.4	32.19	0.52	200.59	202.21	15.3	41.3	13.1	37.7
5	1.3	3.3	32.04	0.62	192.26	178.46	15	40.3	14.1	34.6
6	0.9	3.2	31.91	0.64	179.83	128.39	12.2	46.5	11.8	45
7	1.3	3.4	32.26	0.64	210.64	145.21	14.4	38.1	14.7	33
8	0.6	3.3	31.29	0.42	145.04	123.63	14.2	38.1	13.9	32.1

2.2.1 酸胀度指标与其他指标的关系

2.2.1.1 酸胀度指标与温度指标的关系

酸胀度和温度是按摩工效评价的重要指标。具体来讲，在按摩工效研究时酸胀度仅采用酸胀度为分析变量，而温度主要采用温度、最高温度、温度梯度和最高温度梯度等指标为分析变量。因此，在研究酸胀度和温度两者之间的关系时，选择酸胀度、温度和温度梯度为变量来研究酸胀度指标和温度指标之间的关系。

将酸胀度主观评价和温度试验得到的数据输入 Excel 和 SPSS 软件中，进行统计和相关性分析，相关分析如表 2-6 所示。

表 2-6　酸胀度与温度的相关性

项目	参数	酸胀度	温度	温度梯度
酸胀度	相关系数	1.000	0.590	0.339
	Sig.（双侧）		0.123	0.411
温度	相关系数	0.590	1.000	0.048
	Sig.（双侧）	0.123		0.910
温度梯度	相关系数	0.339	0.048	1.000
	Sig.（双侧）	0.411	0.910	

由表 2-6 可以看出：

① 酸胀度与温度之间的相关系数为 0.590，表明酸胀度与温度两个指标之间是中度正相关，所以可选择温度为评价指标；同时，由于相关系数 Sig.

为 0.123 大于 0.05，所以这两个指标之间相关性不显著。

② 酸胀度与温度梯度之间的相关系数为 0.339，表明酸胀度与温度梯度两指标之间是低度正相关；同时，由于相关系数 Sig. 为 0.411 大于 0.05，所以这两个指标之间相关性不显著。

③ 温度与温度梯度之间的相关系数为 0.048，表明温度与温度梯度两个指标之间是弱相关；同时，由于相关系数 Sig. 为 0.910 大于 0.05，所以这两个指标之间相关性不显著。

同时，温度指标可细分为平均温度、最高温度、温度梯度和最高温度梯度等指标，结合邵婷婷的研究结论和预试验结果，最高温度和最高温度梯度是按摩工效研究时推荐的有效指标；而且，具体研究时需结合各个指标的变化趋势评价按摩工效。

2.2.1.2 酸胀度指标与表面肌电指标的关系

将酸胀度与表面肌电试验中得到的数据，经过 Excel、Matlab 和 SPSS 等软件分析处理后，得到酸胀度、表面肌电绝对值积分（iEMG）和平均功率频率（MPF）等相应指标之间的相关性分析结果，具体如表 2-7 所示。

表 2-7 酸胀度与表面肌电指标的相关性

项目	参数	酸胀度	表面肌电绝对值积分	平均功率频率
酸胀度	相关系数	1.000	0.554	0.374
	Sig.（双侧）		0.154	0.362
表面肌电绝对值积分	相关系数	0.554	1.000	0.690
	Sig.（双侧）	0.154		0.058
平均功率频率	相关系数	0.374	0.690	1.000
	Sig.（双侧）	0.362	0.058	

由表 2-7 可知：

① 酸胀度与表面肌电绝对值积分（iEMG）之间的相关系数为 0.554，表明酸胀度与表面肌电绝对值积分（iEMG）两个指标之间是中度正相关，可选择表面肌电绝对值积分（iEMG）为优先评价指标；同时，由于相关系数 Sig. 为 0.154 大于 0.05，所以这两个指标之间相关性不显著。

② 酸胀度与平均功率频率（MPF）之间的相关系数为 0.374，表明酸胀度与平均功率频率（MPF）两个指标之间是低度正相关；同时，由于相关系

数 Sig. 为 0.362 大于 0.05，所以这两个指标之间相关性不显著。

③ 表面肌电绝对值积分（iEMG）与平均功率频率（MPF）之间的相关系数为 0.690，表明表面肌电绝对值积分（iEMG）与平均功率频率（MPF）两个指标之间是中度正相关；同时，由于相关系数 Sig. 为 0.058 大于 0.05，所以这两个指标之间相关性不显著。

同时，根据相关文献的研究结论，时域和频域指标一起评价按摩工效结论准确性更高。因此，按摩工效评价研究时可优先选择指标为表面肌电绝对值积分（iEMG），并以平均功率频率（MPF）为辅助验证指标；而且，可通过这两个指标的变化趋势来评价按摩工效。

2.2.1.3 温度指标与表面肌电指标的关系

同样，将温度与表面肌电试验中得到的数据，经过 Excel、Matlab 和 SPSS 等软件分析处理后，得到温度、温度梯度、表面肌电绝对值积分（iEMG）与平均功率频率（MPF）等相应指标之间的相关性分析结果，具体如表 2-8 所示。

表 2-8　温度与表面肌电指标的相关性

项目	参数	温度	温度梯度	表面肌电绝对值积分	平均功率频率
温度	相关系数	1.000	0.048	0.976[①]	0.762[②]
	Sig.（双侧）		0.910	0	0.028
温度梯度	相关系数	0.048	1.000	0.180	−0.168
	Sig.（双侧）	0.910		0.670	0.691
表面肌电绝对值积分	相关系数	0.976[①]	0.180	1.000	0.690
	Sig.（双侧）	0	0.670		0.058
平均功率频率	相关系数	0.762[②]	−0.168	0.690	1.000
	Sig.（双侧）	0.028	0.691	0.058	

①在置信度（双侧）为 0.01 时，相关性是显著的。
②在置信度（双侧）为 0.05 时，相关性是显著的。

从表 2-8 中可以看出：

① 温度与表面肌电绝对值积分（iEMG）之间的相关系数为 0.976，表明温度与表面肌电绝对值积分（iEMG）两个指标之间是显著正相关；同时，由于相关系数 Sig. 为 0 小于 0.01，所以这两个指标之间相关性高度显著。

② 温度与平均功率频率（MPF）之间的相关系数为 0.762，表明温度与

平均功率频率（MPF）两个指标之间是中度正相关；同时，由于相关系数Sig. 为 0.028 小于 0.05，所以这两个指标之间相关性显著。

③ 温度梯度与表面肌电绝对值积分之间的相关系数为 0.180，表明温度梯度与表面肌电绝对值积分（iEMG）两个指标之间是弱相关；同时，由于相关系数 Sig. 为 0.670 大于 0.05，所以这两个指标之间相关性不显著。

④ 温度梯度与平均功率频率（MPF）之间的相关系数为 −0.168，表明温度梯度与平均功率频率（MPF）两个指标之间是弱负相关；同时，由于相关系数 Sig. 为 0.691 大于 0.05，所以这两个指标之间相关性不显著。

因此，结合前面的研究结果，在优先选择最高温度作为评价指标时，表面肌电指标可优先选择表面肌电绝对值积分（iEMG），这与酸胀度和表面肌电的关系的研究结果一致。

综上所述，酸胀度指标与温度各指标之间、酸胀度指标与表面肌电绝对值积分（iEMG）之间为中度正相关，所以酸胀度、最高温度和最高温度梯度、表面肌电绝对值积分（iEMG）可以作为按摩工效的优先选用指标，可选择平均功率频率（MPF）为辅助验证指标。

原因分析：根据中医按摩理论，皮肤表面温度是人体按摩后按摩部位发生明显变化的生理指标；同时，皮肤表面温度会伴随按摩部位皮肤表面湿度、血流速度等其他生理指标的变化而变化，从而可能引起按摩部位皮肤表面微电流的显著变化，最终可能引起表面肌电绝对值积分（iEMG）相对敏感指标的明显变化。

2.2.2 按摩舒适度指标与脑电指标的关系

将按摩舒适度与脑电试验中获取的数据，经过 Excel 和 SPSS 等软件分析处理后，得到按摩舒适度、P3 的 θ 波所占比例、P3 的 α 波所占比例、P4 的 θ 波所占比例和 P4 的 α 波所占比例等相应指标之间的相关性分析结果，具体如表 2-9 所示。

表 2-9　按摩舒适度与脑电指标的相关性

项目	参数	按摩舒适度	P3 的 θ 波所占比例	P3 的 α 波所占比例	P4 的 θ 波所占比例	P4 的 α 波所占比例
按摩舒适度	相关系数	1.000	0.726[①]	−0.214	0.601	−0.200
	Sig.（双侧）		0.041	0.611	0.115	0.634

项目	参数	按摩舒适度	P3的θ波所占比例	P3的α波所占比例	P4的θ波所占比例	P4的α波所占比例
P3的θ波所占比例	相关系数	0.726[①]	1.000	−0.515	0.762[①]	−0.524
	Sig.（双侧）	0.041		0.192	0.028	0.183
P3的α波所占比例	相关系数	−0.214	−0.515	1.000	−0.778[①]	0.898[②]
	Sig.（双侧）	0.611	0.192		0.023	0.002
P4的θ波所占比例	相关系数	0.601	0.762[①]	−0.778[①]	1.000	−0.810[①]
	Sig.（双侧）	0.115	0.028	0.023		0.015
P4的α波所占比例	相关系数	−0.200	−0.524	0.898[②]	−0.810[①]	1.000
	Sig.（双侧）	0.634	0.183	0.002	0.015	

①在置信度（双侧）为 0.05 时，相关性是显著的。
②在置信度（双侧）为 0.01 时，相关性是显著的。

从表 2-9 中可以看出：

① 按摩舒适度与 P3 的 θ 波所占比例之间的相关系数为 0.726，表明按摩舒适度与 P3 的 θ 波所占比例两个指标之间是中度正相关；同时，由于相关系数 Sig. 为 0.041 小于 0.05，所以这两个指标之间相关性显著。

② 按摩舒适度与 P3 的 α 波所占比例之间的相关系数为 −0.214，表明按摩舒适度与 P3 的 α 波所占比例两个指标之间是弱负相关；同时，由于相关系数 Sig. 为 0.611 大于 0.05，所以这两个指标之间相关性不显著。

③ 按摩舒适度与 P4 的 θ 波所占比例之间的相关系数为 0.601，表明按摩舒适度与 P4 的 θ 波所占比例两个指标之间是中度正相关；同时，由于相关系数 Sig. 为 0.115 大于 0.05，所以这两个指标之间相关性不显著。

④ 按摩舒适度与 P4 的 α 波所占比例之间的相关系数为 −0.200，表明按摩舒适度与 P4 的 α 波所占比例两个指标之间是弱负相关；同时，由于相关系数 Sig. 为 0.634 大于 0.05，所以这两个指标之间相关性不显著。

⑤ P3 的 θ 波所占比例与 α 波所占比例之间的相关系数为 −0.515，表明 P3 的 θ 波所占比例与 α 波所占比例两个指标之间是中度负相关；同时，由于相关系数 Sig. 为 0.192 大于 0.05，所以这两个指标之间相关性不显著。

⑥ P3 和 P4 的 θ 波所占比例之间的相关系数为 0.762，表明 P3 和 P4 的 θ 波所占比例两个指标之间是中度正相关；同时，由于相关系数 Sig. 为 0.028 小于 0.05，所以这两个指标之间相关性显著。

⑦ P3 的 θ 波所占比例与 P4 的 α 波所占比例之间的相关系数为 −0.524，

表明 P3 的 θ 波所占比例与 P4 的 α 波所占比例两个指标之间是中度负相关；同时，由于相关系数 Sig. 为 0.183 大于 0.05，所以这两个指标之间相关性不显著。

⑧ P3 的 α 波所占比例与 P4 的 θ 波所占比例之间的相关系数为 −0.778，表明 P3 的 α 波所占比例与 P4 的 θ 波所占比例两个指标之间是中度负相关；同时，由于相关系数 Sig. 为 0.023 小于 0.05，所以这两个指标之间相关性显著。

⑨ P3 和 P4 的 α 波所占比例之间的相关系数为 0.898，表明 P3 和 P4 的 α 波所占比例两个指标之间是高度正相关；同时，由于相关系数 Sig. 为 0.002 小于 0.01，所以这两个指标之间相关性高度显著。

⑩ P4 的 θ 波所占比例和 α 波所占比例的相关系数为 −0.810，表明这两个指标是高度负相关；同时，由于相关系数 Sig. 为 0.015 小于 0.05，所以这两个指标之间相关性显著。

综上所述，按摩舒适度与脑电指标之间存在一定的相关性，其中按摩舒适度与脑电 P3、P4 的 θ 波所占比例之间为中度正相关，所以可优先选择指标为按摩舒适度和脑电 P3、P4 电极的 θ 波所占比例。脑电 P3、P4 电极的 θ 波所占比例指标与 P4 和 P3 电极的 α 波中度负相关，所以可选择脑电 P3、P4 电极的 α 波所占比例为辅助验证指标，以保证脑电试验结论的准确性，这与邵婷婷的研究结论基本一致。

原因分析：按摩舒适度就是通过按摩刺激反馈到大脑后人体的一种主观感受；脑电 P3 和 P4 电极对应的位置是顶叶，顶叶是躯干感觉的高级中枢，脑电 P3 和 P4 电极的 θ 波所占比例可能对人体舒适度感觉更加敏感和直接，脑电 P3 和 P4 电极的 θ 波所占比例作为按摩舒适度优先指标，而脑电 P3、P4 电极的 θ 波所占比例指标与 P4 和 P3 电极的 α 波中度负相关，所以可作为辅助指标验证脑电试验结论。

2.2.3 按摩工效指标与按摩舒适度指标的关系

为比较按摩工效与按摩舒适度的关系，将相关试验得到的数据经过分析处理后，选取酸胀度和温度梯度等按摩工效指标以及按摩舒适度和 P3 的 θ 波所占比例等按摩舒适指标进行相关分析，具体结果如表 2-10 所示。

表 2-10　酸胀度、按摩舒适度、温度梯度、平均功率频率与 P3 的 θ 波所占比例的相关性

项目	参数	酸胀度	按摩舒适度	温度梯度	平均功率频率	P3 的 θ 波所占比例
酸胀度	相关系数	1.000	0.380	0.339	0.374	0.374
	Sig.(双侧)		0.353	0.411	0.362	0.362
按摩舒适度	相关系数	0.380	1.000	−0.390	0.701	0.726①
	Sig.(双侧)	0.353		0.339	0.053	0.041
温度梯度	相关系数	0.339	−0.390	1.000	−0.168	−0.431
	Sig.(双侧)	0.411	0.339		0.691	0.286
平均功率频率	相关系数	0.374	0.701	−0.168	1.000	0.786①
	Sig.(双侧)	0.362	0.053	0.691		0.021
P3 的 θ 波所占比例	相关系数	0.374	0.726①	−0.431	0.786①	1.000
	Sig.(双侧)	0.362	0.041	0.286	0.021	

①在置信度(双侧)为 0.05 时，相关性是显著的。

由表 2-10 可知：

① 酸胀度与按摩舒适度之间的相关系数为 0.380，表明酸胀度与按摩舒适度两个指标之间是低度正相关；同时，由于相关系数 Sig. 为 0.353 大于 0.05，所以这两个指标之间相关性不显著。

② 酸胀度与 P3 的 θ 波所占比例之间的相关系数为 0.374，表明酸胀度与 P3 的 θ 波所占比例两个指标之间是低度正相关；同时，由于相关系数 Sig. 为 0.362 大于 0.05，所以这两个指标之间相关性不显著。

③ 按摩舒适度与温度梯度之间的相关系数为 −0.390，表明按摩舒适度与温度梯度两个指标之间是低度负相关；同时，由于相关系数 Sig. 为 0.339 大于 0.05，所以这两个指标之间相关性不显著。

④ 按摩舒适度与平均功率频率（MPF）之间的相关系数为 0.701，表明按摩舒适度与平均功率频率（MPF）两个指标之间是中度正相关；同时，由于相关系数 Sig. 为 0.053 大于 0.05，所以这两个指标之间相关性不显著。

⑤ 温度梯度与 P3 的 θ 波所占比例之间的相关系数为 −0.431，表明温度梯度与 P3 的 θ 波所占比例两个指标之间是低度负相关；同时，由于相关系数 Sig. 为 0.286 大于 0.05，所以这两个指标之间相关性不显著。

⑥ 平均功率频率（MPF）与 P3 的 θ 波所占比例之间的相关系数为 0.786，表明平均功率频率（MPF）与 P3 的 θ 波所占比例两个指标之间是中度正相关；同时，由于相关系数 Sig. 为 0.021 小于 0.05，所以这两个指标之

间相关性显著。

综上所述，酸胀度与按摩舒适度之间存在低度相关性，差异性也不显著，其他各指标之间存在一定的相关性。换句话说，按摩过程所产生的按摩工效与按摩舒适度的变化趋势不是完全一致的。

虽然酸胀度、按摩舒适度、温度梯度、平均功率频率（MPF）和 P3 的 θ波所占比例等指标之间存在不同程度的相关性，但是在实际研究时必须结合各个指标的变化趋势来评价按摩工效和按摩舒适度。

原因分析：按摩工效与按摩舒适度是两种人体主观感受，酸胀度很大的时候，有可能会使人产生不舒适感。所以按摩工效与按摩舒适度很有可能在某些时间点不是完全相同的。在按摩过程中，由于被试者的身体现状和心理状况的不同以及按摩时间差异等原因，很有可能出现按摩条件完全相同的条件下，同一被试者在按摩时所测试的各项指标值是不同的，所以必须研究按摩全程各评价指标的变化趋势，以保证研究结果的准确性。

本章研究了酸胀度指标与其他指标的关系、按摩舒适度指标与脑电指标的关系、按摩工效指标与按摩舒适度指标的关系，根据已有研究分析与讨论，按摩工效评价指标之间的关系可总结为四方面研究结论：

① 在研究按摩工效时，可优先选择的评价指标为酸胀度、最高温度和最高温度梯度、表面肌电绝对值积分（iEMG），同时可选取平均功率频率（MPF）为辅助验证指标。

② 在研究按摩舒适度时，可优先选择的评价指标为按摩舒适度和脑电P3、P4 电极的 θ 波所占比例，同时可选取脑电 P3、P4 电极的 α 波所占比例为辅助验证指标，以保证脑电试验结论的准确性。

③ 按摩过程中所产生的按摩工效与按摩舒适度的变化趋势不是完全一致的。

④ 按摩工效和按摩舒适度的评价是按摩全过程的分析研究，所以必须通过分析各评价指标在按摩全程的变化趋势，以达到准确与有效的评价。

根据研究结论和现有试验条件，在后续按摩工效和按摩舒适度研究时，选择酸胀度、最高温度和最高温度梯度，以表面肌电绝对值积分（iEMG）和平均功率频率（MPF）为肌电辅助验证指标；在按摩舒适度研究时，选择按摩舒适度和脑电 P3、P4 电极的 θ 波所占比例等指标，以脑电 P3、P4 电极的α 波所占比例为脑电辅助验证指标。

第 3 章
腰背部揉捏按摩工效

人工按摩时，按摩技师可以根据按摩对象、按摩部位和按摩需求等要求的不同，选择合适的按摩方式。揉捏按摩是人工按摩常用的手法，将揉法和捏法两种按摩手法结合在一起，发挥各自优点，达到理想的按摩效果。按摩椅揉捏按摩就是模拟人工揉捏按摩原理，获得按摩椅揉捏按摩工效。

因此，为达到与人工按摩类似的按摩工效，按摩椅按摩界面特征和按摩参数需逐一调整并优化。以按摩酸胀度和按摩部位皮肤表面最高温度及最高温度梯度为分析指标，研究按摩头形状、按摩头大小和按摩器包覆层厚度等按摩界面特征因素以及按摩转速、靠背倾角和按摩时间等按摩参数对腰背部揉捏按摩工效的影响，探寻揉捏按摩优化的按摩界面特征、按摩参数及其按摩工效作用规律。

3.1 按摩界面特征对揉捏按摩工效的影响

选择按摩部位酸胀度、最高温度和最高温度梯度为评价指标，采用酸胀度主观评价法（SZ）研究按摩部位酸胀度变化情况，采用皮肤表面温度法（ST）研究按摩部位的皮肤温度变化情况，并结合正交试验设计法，研究腰背部揉捏按摩工效。

根据正交性试验特点，从试验因素的全部水平组合中，挑选部分具有代表性的水平组合进行试验，通过这部分试验结果解构掌握全面试验情况，找出最优的水平组合。按摩界面特征、按摩参数及其交互作用均拟采用正交试验法。

（1）试验设计

① 试验对象　经过预试验，随机选取 10 名被试者参加试验。10 名被试者为身体健康的学生，其中男性 6 名，女性 4 名，被试者均无肌肉、骨骼和心血管等疾病。被试者的基本生理信息如下：平均年龄 25 岁；男性平均身高 170.3cm，体重 63.5kg；女性平均身高 159.4cm，体重 50.2kg。也是第 4 章和第 5 章指压按摩、拍打按摩的试验对象。

② 按摩界面特征设计　根据按摩椅企业的相关建议、预试验结果和现有试验条件，结合市场上常见的按摩界面特征，选择按摩头形状、按摩头大小和按摩器包覆层厚度 3 个按摩界面特征因素，各因素的水平设置如表 3-1 所示。按摩工效比较研究时，按摩头形状选择圆柱形和椭圆形 2 水平，按摩头形状如图 3-1 所示；按摩头大小选择椭圆形中、圆柱形大和圆柱形小 3 水平，按摩头大小如图 3-2 所示；按摩器包覆层厚度选择 2mm、3mm 和 4mm 3 水平。

表 3-1　揉捏按摩的界面特征水平

按摩界面	水平		
	1	2	3
按摩头形状	椭圆形	圆柱形	
按摩头大小	椭圆形中	圆柱形大	圆柱形小
按摩器包覆层厚度	2mm	3mm	4mm

(a) 椭圆形

(b) 圆柱形

图 3-1　按摩头形状（揉捏）

③ 按摩界面特征的正交试验设计　按摩界面特征包括按摩头形状、按摩头大小和按摩器包覆层厚度 3 个因素，其中按摩头大小和按摩器包覆层厚度为 3 水平，而按摩头形状为 2 水平，具体如表 3-1 所示。正交试验时，选择 4

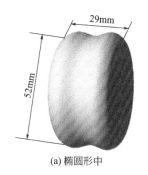
(a) 椭圆形中

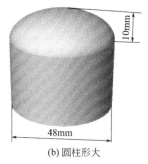
(b) 圆柱形大

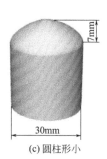
(c) 圆柱形小

图 3-2　按摩头大小（揉捏）

因素 3 水平的正交表 L_9（3^4），采用拟水平法，根据预试验的结果将椭圆形这一水平（第 1 水平）代替第 3 水平，具体的正交试验设计如表 3-2 所示。

表 3-2　按摩界面的正交试验设计

试验号	因素 A（形状）	因素 B（大小）	因素 C（厚度）	空列（因素 4）	酸胀度
1	1（椭圆形）	1（椭圆形中）	1（2mm）	1	
2	1	2（圆柱形大）	2（3mm）	2	
3	1	3（圆柱形小）	3（4mm）	3	
4	2（圆柱形）	1	2	3	
5	2	2	3	1	
6	2	3	1	2	
7	3（椭圆形）	1	3	2	
8	3（1）	2	1	3	
9	3（1）	3	2	1	

（2）试验过程　进行酸胀度主观评价和皮肤表面温度测试两组试验，其基本流程如图 3-3 所示。

在进行酸胀度主观评价法试验前，告知被试者评价的标准和注意事项，熟悉评价的基本流程和要求。酸胀值采用 5 级主观感受等级量表来记录，具体参见第 2 章的表 2-3。试验时，记录按摩前腰背部按摩部位的酸胀度。在试验结束时，记录腰背部按摩部位的酸胀度。

皮肤温度试验采用数字温度计。在试验前，告知被试者试验的注意事项和要求，熟悉试验基本流程。由于按摩 10min 后按摩部位的皮肤温度变化不明显，所以皮肤温度测量的试验时长为 10min，首先记录按摩椅按摩时的温度，接下来每隔 2min 记录 1 次温度，共计记录 6 次。

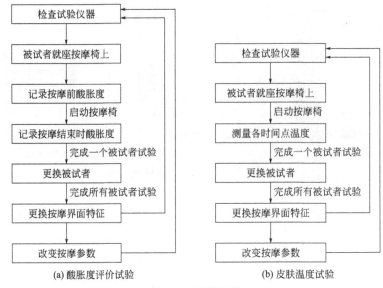

(a) 酸胀度评价试验   (b) 皮肤温度试验

图 3-3　试验流程

3.1.1　按摩界面特征对腰部揉捏按摩工效的影响

3.1.1.1　按摩工效的主观评价

先运用 Excel 软件，对酸胀度主观评价试验所采集的数据进行分析整理；然后运用 SPSS 软件进行统计分析，腰部按摩工效的方差分析结果如表 3-3 所示，不同按摩界面的单因素统计分析结果如表 3-4 所示。

表 3-3　腰部揉捏按摩工效的方差分析（按摩界面特征）

源	Ⅲ型平方和	df	均方	F	Sig.
校正模型	0.102[①]	5	0.020	20.201	0.016
截距	0.920	1	0.920	908.495	0
A（按摩头形状）	0.025	1	0.025	24.620	0.016
B（按摩头大小）	0.039	2	0.020	19.294	0.019
C（包覆层厚度）	0.038	2	0.019	18.899	0.020
误差	0.003	3	0.001		
总计	1.257	9			
校正的总计	0.105	8			

① $R^2 = 0.971$（调整 $R^2 = 0.923$）。

由表 3-3 中的 F 检验可知，按摩头形状、按摩头大小和按摩器包覆层厚度的显著水平 Sig. 分别为 0.016、0.019 和 0.020，均小于 0.05，所以认为按摩头形状、按摩头大小和按摩器包覆层厚度 3 个因素的差异性都显著，也就是说这 3 个因素对腰部揉捏按摩工效（酸胀度）都产生了显著影响；按摩界面各影响因素的主次顺序为：按摩头形状＞按摩头大小＞按摩器包覆层厚度。

表 3-4　腰部揉捏按摩工效的单因素统计分析（按摩界面特征）

项目	均值	标准误差	95%置信区间	
			下限	上限
A_1（椭圆形）	0.395	0.013	0.354	0.436
A_2（圆柱形）	0.283	0.018	0.225	0.342
B_1（椭圆形中）	0.431	0.019	0.372	0.491
B_2（圆柱形大）	0.281	0.019	0.222	0.341
B_3（圆柱形小）	0.305	0.019	0.245	0.364
C_1（2mm）	0.291	0.019	0.232	0.351
C_2（3mm）	0.431	0.019	0.372	0.491
C_3（4mm）	0.295	0.019	0.235	0.354

由表 3-4 可知，按摩界面特征的各因素对腰部揉捏按摩工效影响的大小顺序为：$A_1＞A_2$，即椭圆形按摩头产生的按摩工效优于圆柱形；$B_1＞B_3＞B_2$，即椭圆形中按摩头产生的按摩工效优于其他两种按摩头的按摩工效；$C_2＞C_3＞C_1$，即按摩器包覆层厚度 3mm 所产生的按摩工效优于其他两种厚度的按摩工效。

综合表 3-3 和表 3-4 的分析结果，腰部揉捏按摩工效的优化按摩界面特征是 $A_1B_1C_2$，即按摩头形状为椭圆形、按摩头大小为椭圆形中以及按摩器包覆层厚度为 3mm；且按摩头形状、按摩头大小和按摩器包覆层厚度对腰部揉捏按摩工效的影响明显；按摩界面各影响因素的主次顺序为：按摩头形状＞按摩头大小＞按摩器包覆层厚度。

3.1.1.2　按摩工效的试验评价

（1）不同形状按摩头按摩时的最高温度和最高温度梯度　先运用 Excel 软件，对按摩部位皮肤表面温度试验所采集的数据进行分析整理，得到温度和温度梯度；然后运用 SPSS 进行温度梯度和温度的描述性统计分析，并以最高温度梯度和最高温来判断按摩工效的优劣。温度和温度梯度描述性统计结果如表 3-5 所示。各时间点的最高温度统计如表 3-6 所示，其变化趋势如图 3-4 所示。

表 3-5　不同形状按摩头按摩时的温度和温度梯度统计（腰部揉捏）

项目	温度梯度（圆柱形）/℃	温度梯度（椭圆形）/℃	温度（圆柱形）/℃	温度（椭圆形）/℃
最大值	1.2	1.4	33.6	33.9
均值	0.544	0.584	31.997	32.090
标准差	0.3176	0.3782	1.0536	1.2313
均值的标准误差	0.0635	0.0756	0.1924	0.2248

从表 3-5 可以看出，椭圆形按摩头和圆柱形按摩头按摩时的最高温度梯度分别为 1.4℃和 1.2℃，椭圆形按摩头和圆柱形按摩头的最高温度分别为 33.9℃和 33.6℃，所以椭圆形按摩头的最高温度梯度和最高温度都高于圆柱形。

表 3-6　不同形状按摩头按摩时的最高温度统计（腰部揉捏）

测量时间	温度（圆柱形）/℃	温度（椭圆形）/℃
第 0 分钟	31.0	30.9
第 2 分钟	31.8	32.0
第 4 分钟	32.7	32.8
第 6 分钟	33.3	33.5
第 8 分钟	33.5	33.8
第 10 分钟	33.6	33.9

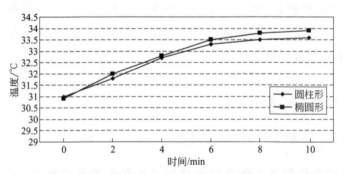

图 3-4　不同形状按摩头按摩时的最高温度变化趋势（腰部揉捏）

从表 3-6 和图 3-4 可以看出，椭圆形按摩头按摩时各时间点的最高温度比圆柱形高。因此，从最高温度梯度和最高温度的角度来看，椭圆形按摩头按摩产生的按摩工效优于圆柱形。

因此，综合酸胀度主观评价以及最高温度和最高温度梯度等两方面的分析结果，认为在椭圆形和圆柱形等两种按摩头分别进行揉捏按摩时，椭圆形按摩头按摩产生的腰部揉捏按摩工效较优，而且 2 水平之间的差异性显著。

（2）不同大小按摩头按摩时的最高温度和最高温度梯度 先运用 Excel 软件，对按摩部位皮肤表面温度试验所采集的数据进行分析整理，得到温度和温度梯度；然后运用 SPSS 进行温度梯度和温度的描述性统计分析，并以最高温度梯度和最高温度来判断按摩工效的优劣。温度和温度梯度描述性统计结果如表 3-7 所示。各时间点的最高温度统计如表 3-8 所示，其变化趋势如图 3-5 所示。

表 3-7 不同大小按摩头按摩时的温度和温度梯度统计（腰部揉捏）

项目	温度梯度（椭圆形中）/℃	温度梯度（圆柱形大）/℃	温度梯度（圆柱形小）/℃	温度（椭圆形中）/℃	温度（圆柱形大）/℃	温度（圆柱形小）/℃
最大值	1.4	1.0	1.0	33.5	32.8	33.0
均值	0.548	0.492	0.428	31.677	31.590	31.653
标准差	0.3318	0.2397	0.2319	1.1193	0.9308	0.8349
均值的标准误差	0.0664	0.0479	0.0464	0.2044	0.1699	0.1524

从表 3-7 可以看出，椭圆形中、圆柱形大和圆柱形小等按摩头按摩时的最高温度梯度分别为 1.4℃、1.0℃ 和 1.0℃，椭圆形中、圆柱形大和圆柱形小的最高温度分别为 33.5℃、32.8℃ 和 33.0℃，所以最高温度梯度和最高温度都出现在椭圆形中按摩头的按摩过程中。

表 3-8 不同大小按摩头按摩时的最高温度统计（腰部揉捏）

测量时间	温度（椭圆形中）/℃	温度（圆柱形大）/℃	温度（圆柱形小）/℃
第 0 分钟	30.4	30.5	30.6
第 2 分钟	31.7	31.1	31.6
第 4 分钟	32.5	31.7	32.2
第 6 分钟	34.2	32.2	32.6
第 8 分钟	33.4	32.6	32.8
第 10 分钟	33.5	32.8	33.0

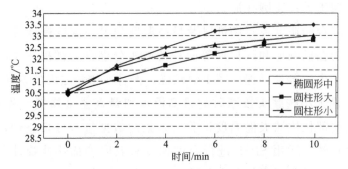

图 3-5　不同大小按摩头按摩时的最高温度变化趋势（腰部揉捏）

　　从表 3-8 和图 3-5 可以看出，椭圆形中按摩头按摩时各时间点的最高温度比其他按摩头都要高一些。因此，从最高温度梯度和最高温度的角度来看，椭圆形中按摩头按摩所产生的腰部揉捏按摩工效优于其他两种按摩头的按摩工效。

　　因此，综合酸胀度主观评价以及最高温度和最高温度梯度等两方面的分析结果，认为在椭圆形中、圆柱形大和圆柱形小 3 水平下，椭圆形中按摩头的腰部按摩工效较优，且按摩头大小之间按摩工效的差异性显著。

　　（3）不同按摩器包覆层厚度按摩时的最高温度和最高温度梯度　先运用 Excel 软件，对按摩部位皮肤表面温度试验所采集的数据进行分析整理，得到温度和温度梯度；然后运用 SPSS 进行温度梯度和温度的描述性统计分析，并以最高温度梯度和最高温度来判断按摩工效的优劣。温度和温度梯度描述性统计结果如表 3-9 所示。各时间点的最高温度统计如表 3-10 所示，其变化趋势如图 3-6 所示。

表 3-9　不同包覆层厚度按摩时的温度和温度梯度统计（腰部揉捏）

项目	温度梯度 （2mm） /℃	温度梯度 （3mm） /℃	温度梯度 （4mm） /℃	温度 （2mm） /℃	温度 （3mm） /℃	温度 （4mm） /℃
最大值	0.8	1.3	0.8	32.8	33.5	33.0
均值	0.468	0.560	0.404	31.583	31.703	31.580
标准差	0.1909	0.2972	0.1925	0.8894	1.1174	0.8062
均值的标准误差	0.0382	0.0594	0.0385	0.1624	0.2040	0.1472

　　从表 3-9 可以看出，按摩器包覆层厚度 2mm、3mm 和 4mm 按摩时的最高温度梯度分别为 0.8℃、1.3℃和 0.8℃，包覆层厚度 2mm、3mm 和 4mm 的最高温度分别为 32.8℃、33.5℃和 33.0℃，最高温度梯度和最高温度都出

现在按摩器包覆层厚度为 3mm 的按摩过程中。

表 3-10 不同包覆层厚度按摩时的最高温度统计（腰部揉捏）

测量时间	温度（2mm）/℃	温度（3mm）/℃	温度（4mm）/℃
第 0 分钟	30.5	30.5	30.6
第 2 分钟	31.1	31.8	31.4
第 4 分钟	31.7	32.5	32.1
第 6 分钟	32.2	33.1	32.5
第 8 分钟	32.6	33.3	32.8
第 10 分钟	32.8	33.5	33.0

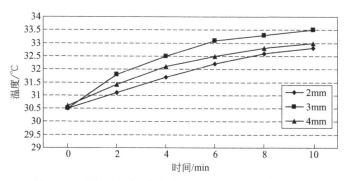

图 3-6 不同包覆层厚度按摩时的最高温度（腰部揉捏）

从表 3-10 和图 3-6 可以看出，包覆层厚度为 3mm 时各时间点的最高温度比其他包覆层厚度都要高一些。因此，从最高温度梯度和最高温度的角度来看，按摩器包覆层厚度为 3mm 按摩时产生的按摩工效较优。

因此，综合酸胀度主观评价试验以及最高温度和最高温度梯度等两方面的分析结果，认为在按摩器包覆层厚度 2mm、3mm 和 4mm 3 水平下，包覆层厚度 3mm 的腰部揉捏按摩工效较优，且各水平之间差异性显著。

3.1.2 按摩界面特征对背部揉捏按摩工效的影响

3.1.2.1 按摩工效的主观评价

先运用 Excel 软件，对酸胀度主观评价试验所采集的数据进行分析整理；然后运用 SPSS 软件进行统计分析，其方差分析的结果如表 3-11 所示，单因素分析结果如表 3-12 所示。

表 3-11 背部揉捏按摩工效的方差分析（按摩界面特征）

源	Ⅲ型平方和	df	均方	F	Sig.
校正模型	0.078[①]	5	0.016	14.019	0.027
截距	0.971	1	0.971	867.834	0
A（形状）	0.041	1	0.041	36.735	0.009
B（大小）	0.017	2	0.008	7.579	0.067
C（厚度）	0.020	2	0.010	9.099	0.053
误差	0.003	3	0.001		
总计	1.329	9			
校正的总计	0.082	8			

① $R^2 = 0.959$（调整 $R^2 = 0.891$）。

由表 3-11 中的 F 检验可知，按摩头形状、按摩头大小和按摩器包覆层厚度的显著水平 Sig. 分别为 0.009、0.067 和 0.053，只有按摩头形状显著水平 Sig. 小于 0.05，所以认为按摩头形状因素的差异性显著，而按摩头大小和按摩器包覆层厚度等因素的差异性都不显著，也就是说按摩头形状对揉捏式背部按摩工效（酸胀度）产生了显著影响；按摩界面特征各影响因素的主次顺序为：按摩头形状＞按摩器包覆层厚度＞按摩头大小。

表 3-12 背部揉捏按摩工效的单因素统计分析（按摩界面特征）

项目	均值	标准误差	95%置信区间	
			下限	上限
A_1（椭圆形）	0.420	0.014	0.377	0.463
A_2（圆柱形）	0.277	0.019	0.215	0.338
B_1（椭圆形中）	0.409	0.020	0.347	0.472
B_2（圆柱形大）	0.313	0.020	0.250	0.375
B_3（圆柱形小）	0.323	0.020	0.260	0.385
C_1（2mm）	0.299	0.020	0.237	0.362
C_2（3mm）	0.333	0.020	0.270	0.395
C_3（4mm）	0.413	0.020	0.350	0.475

由表 3-12 可知，按摩界面特征各因素水平对按摩工效影响的大小顺序为：$A_1 > A_2$，即椭圆形按摩头的背部揉捏按摩工效优于圆柱形按摩工效；$B_1 > B_3 > B_2$，即椭圆形中的背部揉捏按摩工效优于其他两种按摩头的按摩工效；$C_3 > C_2 > C_1$，即按摩器包覆层 4mm 的背部揉捏按摩工效优于其他两种

厚度的按摩工效。

综合表3-11和表3-12的分析结果，背部揉捏按摩工效的优化按摩界面特征是 $A_1B_1C_3$，即按摩头形状为椭圆形、按摩头大小为椭圆形中和按摩器包覆层厚度为4mm；且按摩头形状对背部揉捏按摩工效的影响明显；按摩界面特征各影响因素的主次顺序为：按摩头形状＞按摩器包覆层厚度＞按摩头大小。

3.1.2.2 按摩工效的试验评价

（1）不同形状按摩头按摩时的最高温度和最高温度梯度 先运用 Excel 软件，对按摩部位皮肤表面温度试验所采集的数据进行分析整理，得到温度和温度梯度；然后运用 SPSS 进行温度梯度和温度的统计分析，并以最高温度梯度和最高温度来判断按摩工效的优劣。温度和温度梯度描述性统计结果如表3-13所示。各时间点的最高温度统计如表3-14所示，其变化趋势如图3-7所示。

表3-13　不同形状按摩头按摩时的温度和温度梯度统计（背部揉捏）

项目	温度梯度（圆柱形）/℃	温度梯度（椭圆形）/℃	温度（圆柱形）/℃	温度（椭圆形）/℃
最大值	1.3	1.5	33.3	33.6
均值	0.524	0.576	31.700	31.783
标准差	0.3574	0.3734	1.0262	1.1812
均值的标准误差	0.0715	0.0747	0.1874	0.2157

从表3-13可以看出，椭圆形按摩头和圆柱形按摩头按摩时的最高温度梯度分别为1.5℃和1.3℃，椭圆形和圆柱形等两种按摩头的最高温度分别为33.6℃和33.3℃，所以椭圆形按摩头的最高温度梯度和最高温度都高于圆柱形。

表3-14　不同形状按摩头按摩时的最高温度统计（背部揉捏）

测量时间	温度（圆柱形）/℃	温度（椭圆形）/℃
第0分钟	30.3	30.4
第2分钟	31.6	31.9
第4分钟	32.5	32.7
第6分钟	32.9	33.2
第8分钟	33.2	33.4
第10分钟	33.3	33.6

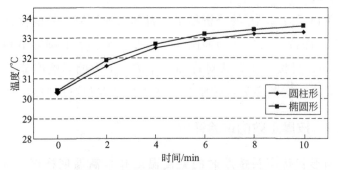

图 3-7 不同形状按摩头按摩时的最高温度变化趋势（背部揉捏）

从表 3-14 和图 3-7 可以看出，椭圆形按摩头按摩时各时间点的最高温度都比圆柱形高。因此，从最高温度梯度和最高温度的角度来看，椭圆形按摩头按摩产生的背部揉捏按摩工效优于圆柱形按摩头的按摩工效。

因此，综合酸胀度主观评价试验以及最高温度和最高温度梯度等两方面的分析结果，认为选取圆柱形和椭圆形等两种按摩头分别进行揉捏按摩时，椭圆形按摩头按摩产生的背部揉捏按摩工效较优，而且各水平之间的差异性显著。

（2）不同大小按摩头按摩时的最高温度和最高温度梯度　先运用 Excel 软件，对按摩部位皮肤表面温度试验所采集的数据进行分析整理，得到温度和温度梯度；然后运用 SPSS 进行温度梯度和温度的描述性统计分析，并以最高温度梯度和最高温度来判断按摩工效的优劣。温度和温度梯度描述性统计结果如表 3-15 所示。各时间点的最高温度统计如表 3-16 所示，其变化趋势如图 3-8 所示。

表 3-15　不同大小按摩头按摩时的温度和温度梯度统计（背部揉捏）

项目	温度梯度（椭圆形中）/℃	温度梯度（圆柱形大）/℃	温度梯度（圆柱形小）/℃	温度（椭圆形中）/℃	温度（圆柱形大）/℃	温度（圆柱形小）/℃
最大值	1.5	1.1	1.0	33.6	32.6	33.0
均值	0.568	0.500	0.460	31.567	31.413	31.540
标准差	0.3485	0.2972	0.2517	1.1660	0.9652	0.8818
均值的标准误差	0.0697	0.0594	0.0503	0.2129	0.1762	0.1610

从表 3-15 可以看出，椭圆形中、圆柱形大和圆柱形小等按摩头按摩时最高温度梯度分别是 1.5℃、1.1℃和 1.0℃，椭圆形中、圆柱形大和圆柱形小

等按摩头按摩时最高温度分别是 33.6℃、32.6℃和 33.0℃，所以最高温度梯度和最高温度都出现在椭圆形中按摩头的按摩过程中。

表 3-16　不同大小按摩头按摩时的最高温度统计（背部揉捏）

测量时间	温度（椭圆形中）/℃	温度（圆柱形大）/℃	温度（圆柱形小）/℃
第 0 分钟	30.2	30.2	30.3
第 2 分钟	31.6	31.0	31.3
第 4 分钟	32.5	31.6	32.0
第 6 分钟	33.1	32.2	32.5
第 8 分钟	33.4	32.5	32.8
第 10 分钟	33.6	32.6	33.0

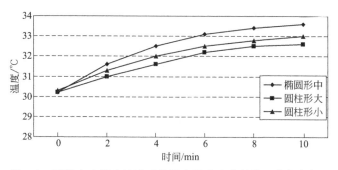

图 3-8　不同大小摩头按摩时的最高温度变化趋势（背部揉捏）

由表 3-16 和图 3-8 可以看出，椭圆形中按摩头按摩时各时间点的最高温度比其他两种按摩头都高一些。因此，从最高温度梯度和最高温度的角度来看，椭圆形中按摩头的背部揉捏按摩工效优于其他两种按摩头的按摩工效。

因此，综合酸胀度主观评价试验以及最高温度和最高温度梯度等两方面的分析结果，认为在椭圆形中、圆柱形大和圆柱形小 3 水平下，椭圆形中按摩头按摩产生的背部揉捏按摩工效较优，但是各水平之间的差异性不显著。

（3）不同按摩器包覆层厚度按摩时的最高温度和最高温度梯度　先运用 Excel 软件，对按摩部位皮肤表面温度试验所采集的数据进行分析整理，得到温度和温度梯度；然后运用 SPSS 进行温度梯度和温度的描述性统计分析，并以最高温度梯度和最高温度来判断按摩工效的优劣。温度和温度梯度描述性统计结果如表 3-17 所示。各时间点的最高温度统计如表 3-18 所示，其变化趋势如图 3-9 所示。

表 3-17　不同包覆层厚度按摩时的温度和温度梯度统计（背部揉捏）

项目	温度梯度 （2mm） /℃	温度梯度 （3mm） /℃	温度梯度 （4mm） /℃	温度 （2mm） /℃	温度 （3mm） /℃	温度 （4mm） /℃
最大值	0.9	0.8	1.3	32.6	32.8	33.3
均值	0.480	0.436	0.576	31.363	31.343	31.463
标准差	0.2082	0.2039	0.2876	0.9023	0.8500	1.1373
均值的标准误差	0.0416	0.0408	0.0575	0.1647	0.1552	0.2076

从表 3-17 可以看出，按摩器包覆层厚度 2mm、3mm 和 4mm 按摩时最高温度梯度分别是 0.9℃、0.8℃ 和 1.3℃，包覆层厚度 2mm、3mm 和 4mm 按摩时最高温度分别是 32.6℃、32.8℃ 和 33.3℃，所以最高温度梯度和最高温度都出现在包覆层厚度为 4mm 的按摩过程中。

表 3-18　不同包覆层厚度按摩时的最高温度统计（背部揉捏）

测量时间	温度（2mm）/℃	温度（3mm）/℃	温度（4mm）/℃
第 0 分钟	30.2	30.3	30.2
第 2 分钟	31.0	31.1	31.3
第 4 分钟	31.6	31.8	32.1
第 6 分钟	32.1	32.3	32.7
第 8 分钟	32.4	32.7	33.1
第 10 分钟	32.6	32.8	33.3

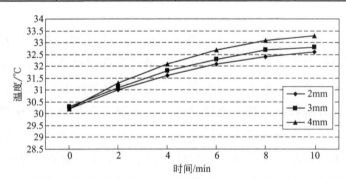

图 3-9　不同包覆层厚度按摩时的最高温度变化趋势（背部揉捏）

从表 3-18 和图 3-9 可以看出，按摩器包覆层厚度为 4mm 按摩时各时间点的最高温度比其他厚度都高一些。因此，从最高温度梯度和最高温度的角度来看，按摩器包覆层厚度为 4mm 按摩时产生的按摩工效优于其他两种厚度的按摩工效。

因此，综合酸胀度主观评价试验以及最高温度和最高温度梯度等两方面的分析结果，认为在按摩器包覆层厚度 2mm、3mm 和 4mm 3 水平下，包覆层厚度为 4mm 按摩时产生的背部按摩工效较优，但从酸胀度主观评价试验来看，各水平之间的差异性不显著。

3.1.3 分析与讨论

按摩椅揉捏按摩时，腰部优化的按摩界面特征为：

① 按摩头形状 椭圆形按摩头按摩时的腰部按摩工效最优，2 种按摩头形状之间产生的按摩工效差异性显著。

② 按摩头大小 椭圆形中按摩时的腰部按摩工效最优，3 种按摩头大小之间产生的按摩工效差异性显著。

③ 按摩器包覆层厚度 包覆层厚度 3mm 按摩时的腰部按摩工效最优，3 种包覆层厚度之间产生的按摩工效差异性显著。

④ 按摩界面各影响因素的主次顺序为：按摩头形状＞按摩头大小＞按摩器包覆层厚度。

按摩椅揉捏按摩时，背部优化的按摩界面特征为：

① 按摩头形状 椭圆形按摩头按摩时的背部按摩工效最优，2 种按摩头形状之间产生的按摩工效差异性显著。

② 按摩头大小 椭圆形中按摩时的背部按摩工效最优，3 种按摩头大小之间产生的按摩工效差异性不显著。

③ 按摩器包覆层厚度 包覆层厚度 4mm 按摩时的背部按摩工效最优，3 种包覆层厚度之间产生的按摩工效差异性不显著。

④ 按摩参数各影响因素的主次顺序为：按摩头形状＞按摩器包覆层厚度＞按摩头大小。

根据以上研究结果，作以下分析讨论：

① 按摩头形状是影响腰部和背部揉捏按摩工效最主要的按摩界面特征因素 在揉捏按摩时，按摩头与人体按摩部位的实际有效接触形态越接近人工按摩的形态，按摩效果就越好。所以，按摩头形状设计是实现实际有效接触形态的关键，也是获得理想揉捏按摩工效的重要途径，且影响腰部和背部按摩工效最重要的按摩界面特征因素是相同的。

按摩椅揉捏按摩可分为模拟人工按摩的指揉法和掌揉法，按摩头形状设计时应尽可能接近人工按摩的指揉法和掌揉法按摩时的按摩形状。

② 按摩界面特征各因素对腰部和背部揉捏按摩工效影响的主次顺序不相同　在腰部和背部揉捏按摩时，按摩器包覆层厚度与按摩头大小对腰部和背部按摩工效的影响程度是不一样的。除了按摩头形状为影响腰部和背部揉捏按摩工效最主要的因素外，按摩头大小为腰部揉捏按摩的重要影响因素，而背部则是按摩器包覆层厚度，可能是因为腰部脂肪相对厚，对按摩器包覆层影响腰部揉捏按摩工效的作用相对较小，按摩头大小对它的影响更大。因此，在按摩器包覆层厚度与按摩头大小因素优化时，腰部和背部的设计需分别进行。

③ 腰部与背部优化的揉捏按摩界面特征的比较分析　通过比较分析发现，腰部和背部按摩工效最优的按摩头形状和按摩头大小是相同的，均为椭圆形按摩头，说明腰部和背部揉捏按摩时，按摩头和人体按摩部位的实际有效接触形态基本是相同的。揉捏按摩工效最优时，腰部的包覆层厚度比背部薄 1mm。一般来说，腰部按摩部位的脂肪层厚度比背部厚，按摩器包覆层厚度就需要薄一点，腰部的揉捏按摩力量就达到相对合适的大小，这样腰部的按摩效果就相应明显了。

综上，本节主要研究了按摩界面特征各因素的重要程度，优化了按摩界面特征，以及揭示了按摩界面特征对揉捏按摩工效影响的基本规律。比较相关研究文献可知，宋杰研究了按摩头包覆层对按摩舒适性的影响，结论是包覆层厚度对按摩舒适度产生了一定影响，相对腰部而言，包覆层厚度对背部按摩舒适性的影响更明显，这与按摩器包覆层对揉捏按摩工效影响的结论基本一致。

3.2　按摩参数对揉捏按摩工效的影响

根据按摩椅企业的相关建议、预试验结果和现有试验条件，在进行按摩参数对按摩工效影响研究时，选取按摩转速、靠背倾角和按摩时长 3 个按摩因素，各因素的水平设置如表 3-19 所示。其中，根据试验按摩椅对揉捏按摩转速的基本设置要求、预试验结果和参考宋杰的相关研究结论，按摩转速设置了 10r/min、20r/min 和 30r/min 3 水平；根据预试验结果和参考按摩椅企业按摩效果调试的经验，靠背倾角设置了 100°、120° 和 140° 3 水平；根据预试验结果和按摩椅企业的建议，按摩时长设置了 5min、10min 和 15min 3 水平。

表 3-19　揉捏按摩的参数水平

按摩参数	水平		
	1	2	3
按摩转速/（r/min）	10	20	30
靠背倾角/（°）	100	120	140
按摩时长/min	5	10	15

按摩参数的正交试验设计，按摩参数包括按摩转速、靠背倾角和按摩时长 3 个因素，这 3 个因素均是 3 水平，具体如表 3-19 所示。正交试验时，选择 4 因素 3 水平的正交表 $L_9(3^4)$，具体的正交试验设计如表 3-20 所示。

表 3-20　按摩参数的正交试验设计

试验号	因素 A（转速）	因素 B（倾角）	因素 C（时长）	空列（因素 4）	酸胀度
1	1（10r/min）	1（100°）	1（5min）	1	
2	1	2（120°）	2（10min）	2	
3	1	3（140°）	3（15min）	3	
4	2（20r/min）	1	2	3	
5	2	2	3	1	
6	2	3	1	2	
7	3（30r/min）	1	3	2	
8	3	2	1	3	
9	3	3	2	1	

3.2.1　按摩参数对腰部揉捏按摩工效的影响

3.2.1.1　按摩工效的主观评价

先运用 Excel 软件，对酸胀度主观评价试验所采集的数据进行分析整理；然后运用 SPSS 软件进行统计分析，腰部揉捏按摩工效的方差分析结果如表 3-21 所示，按摩参数各因素的单因素统计分析结果如表 3-22 所示。

表 3-21　腰部揉捏按摩工效的方差分析（按摩参数）

源	Ⅲ型平方和	df	均方	F	Sig.
校正模型	0.144[①]	6	0.024	14.331	0.067
截距	1.075	1	1.075	640.536	0.002
A（转速）	0.034	2	0.017	10.278	0.089
B（倾角）	0.069	2	0.035	20.589	0.046
C（时长）	0.041	2	0.020	12.126	0.076
误差	0.003	2	0.002		
总计	1.222	9			
校正的总计	.148	8			

① $R^2 = 0.977$（调整＝$R^2 = 0.909$）。

由表 3-21 中的 F 检验可知，按摩转速、靠背倾角和按摩时长的显著水平 Sig. 分别为 0.089、0.046 和 0.076，只有靠背倾角的显著水平 Sig. 小于 0.05，所以认为唯有靠背倾角各水平之间产生的腰部揉捏按摩工效差异性显著，也就是说靠背倾角对揉捏式腰部按摩工效（酸胀度）产生了显著影响；按摩参数各影响因素的主次顺序为：靠背倾角＞按摩时长＞按摩转速。

表 3-22　腰部揉捏按摩工效的单因素统计分析（按摩参数）

项目	均值	标准误差	95％置信区间	
			下限	上限
A_1（10r/min）	0.283	0.024	0.182	0.385
A_2（20r/min）	0.430	0.024	0.328	0.532
A_3（30r/min）	0.323	0.024	0.222	0.425
B_1（100°）	0.463	0.024	0.362	0.565
B_2（120°）	0.253	0.024	0.152	0.355
B_3（140°）	0.320	0.024	0.218	0.422
C_1（5min）	0.270	0.024	0.168	0.372
C_2（10min）	0.333	0.024	0.232	0.435
C_3（15min）	0.433	0.024	0.332	0.535

由表 3-22 可知，按摩参数各因素水平对按摩工效影响的大小顺序为：$A_2 ＞ A_3 ＞ A_1$，即按摩转速为 20r/min 所产生的腰部揉捏按摩工效优于其他两种转速；$B_1 ＞ B_3 ＞ B_2$，即靠背倾角为 100° 所产生的腰部揉捏按摩工效优于其他两种靠背倾角；$C_3 ＞ C_2 ＞ C_1$，即按摩时长为 15min 所产生的腰部揉捏按摩

工效优于其他两种按摩时长。

综合表 3-21 和表 3-22 的分析结果，腰部揉捏按摩工效的优化按摩参数是 $A_2B_1C_3$，即按摩转速为 20r/min、靠背倾角为 100° 和按摩时长为 15min；且靠背倾角的差异性显著；按摩参数各影响因素的主次顺序为：靠背倾角＞按摩时长＞按摩转速。

3.2.1.2 按摩工效的试验评价

（1）不同按摩转速按摩时的最高温度和最高温度梯度 先运用 Excel 软件，对按摩部位皮肤表面温度试验所得的数据进行分析，得到温度和温度梯度；然后运用 SPSS 进行温度梯度和温度的统计分析，以最高温度梯度和最高温度来判断按摩工效的优劣。温度和温度梯度描述性统计结果如表 3-23 所示。各时间点最高温度统计如表 3-24 所示，其变化趋势如图 3-10 所示。

表 3-23 不同按摩转速按摩时的温度和温度梯度统计 （腰部揉捏）

项目	温度梯度 (10r/min) /℃	温度梯度 (20r/min) /℃	温度梯度 (30r/min) /℃	温度 (10r/min) /℃	温度 (20r/min) /℃	温度 (30r/min) /℃
最大值	1.3	1.5	1.2	33.0	34.0	33.1
均值	0.472	0.580	0.492	31.770	31.997	31.607
标准差	0.2894	0.3559	0.2707	0.8647	1.1996	0.9454
均值的标准误差	0.0579	0.0712	0.0541	0.1579	0.2190	0.1726

从表 3-23 可以看出，按摩转速为 10r/min、20r/min 和 30r/min 按摩时所产生的最高温度梯度分别为 1.3℃、1.5℃ 和 1.2℃，其最高温度分别为 33.0℃、34.0℃ 和 33.1℃，所以最高温度梯度和最高温度都出现在转速为 20r/min 的按摩过程中。

表 3-24 不同按摩转速按摩时的最高温度统计 （腰部揉捏）

测量时间	温度 (10r/min) /℃	温度 (20r/min) /℃	温度 (30r/min) /℃
第 0 分钟	31.0	30.9	30.5
第 2 分钟	31.7	32.4	31.4
第 4 分钟	32.2	33.1	32.1
第 6 分钟	32.5	33.5	32.5
第 8 分钟	32.8	33.9	32.8
第 10 分钟	33.0	34.0	33.1

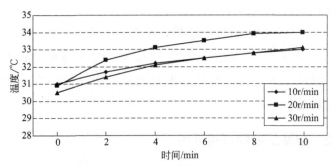

图 3-10　不同按摩转速按摩时的最高温度变化趋势（腰部揉捏）

由表 3-24 和图 3-10 可以看出，按摩转速为 20r/min 按摩时各时间点的最高温度比其他转速都要高一些。因此，从最高温度梯度和最高温度的角度来看，按摩转速为 20r/min 产生的腰部按摩工效较优。

因此，综合酸胀度主观评价试验以及最高温度和最高温度梯度等两方面的分析结果，认为在转速 10r/min、20r/min 和 30r/min 3 水平下，按摩转速为 20r/min 按摩时所产生的腰部揉捏按摩工效最优，但是各水平之间的差异性不显著。

（2）不同靠背倾角按摩时的最高温度和最高温度梯度　先运用 Excel 软件，对按摩部位皮肤表面温度试验所采集的数据进行分析整理，得到温度和温度梯度；然后运用 SPSS 进行温度梯度和温度的描述性统计分析，并以最高温度梯度和最高温度来判断按摩工效的优劣。温度和温度梯度统计结果如表 3-25 所示。各时间点最高温度如表 3-26 所示，其变化趋势如图 3-11 所示。

表 3-25　不同靠背倾角按摩时的温度和温度梯度统计（腰部揉捏）

项目	温度梯度 (100°) /℃	温度梯度 (120°) /℃	温度梯度 (140°) /℃	温度 (100°) /℃	温度 (120°) /℃	温度 (140°) /℃
最大值	1.5	1.2	0.8	33.7	33.1	33.0
均值	0.556	0.496	0.424	31.703	31.667	31.613
标准差	0.3453	0.3116	0.2087	1.1047	0.9499	0.8136
均值的标准误差	0.0691	0.0623	0.0417	0.2017	0.1734	0.1485

从表 3-25 可以看出，靠背倾角为 100°、120°和 140°按摩时所产生的最高温度梯度分别是 1.5℃，1.2℃和 0.8℃，靠背倾角为 100°、120°和 140°按摩时所产生的最高温度分别是 33.7℃，33.1℃和 33.0℃，所以最高温度梯度和最高温度都出现在靠背倾角为 100°时的按摩过程中。

表 3-26　不同靠背倾角按摩时的最高温度统计（腰部揉捏）

测量时间	温度（100°）/℃	温度（120°）/℃	温度（140°）/℃
第 0 分钟	30.4	30.5	30.6
第 2 分钟	31.8	31.3	31.3
第 4 分钟	32.6	32.1	32.1
第 6 分钟	33.1	32.7	32.4
第 8 分钟	33.5	32.9	32.7
第 10 分钟	33.7	33.1	33.0

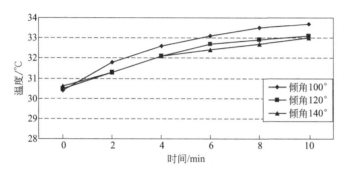

图 3-11　不同靠背倾角按摩时的最高温度变化趋势（腰部揉捏）

从表 3-26 和图 3-11 可以看出，靠背倾角为 100°按摩时各时间点的最高温度比其他靠背倾角都要高一些。因此，从最高温度梯度和最高温度的角度来看，靠背倾角为 100°时腰部揉捏按摩工效相对优一些。

因此，综合酸胀度主观评价试验以及最高温度和最高温度梯度两方面的分析结果，认为在靠背倾角 100°、120°和 140° 3 水平下，靠背倾角为 100°按摩时所产生的腰部揉捏按摩工效最优，且各水平之间的差异性显著。

3.2.2　按摩参数对背部揉捏按摩工效的影响

3.2.2.1　按摩工效的主观评价

先运用 Excel 软件，对酸胀度主观评价试验所采集的数据进行分析整理；然后运用 SPSS 软件进行统计分析，背部按摩工效的方差分析结果如表 3-27 所示，按摩参数各因素的单因素统计分析结果如表 3-28 所示。

表 3-27 按摩参数的背部揉捏按摩工效的方差分析 (按摩参数)

源	Ⅲ型平方和	df	均方	F	Sig.
校正模型	0.167①	6	0.028	21.359	0.045
截距	1.392	1	1.392	1071.077	0.001
A (转速)	0.031	2	0.016	12.026	0.077
B (倾角)	0.069	2	0.034	26.487	0.036
C (时长)	0.066	2	0.033	25.564	0.038
误差	0.003	2	0.001		
总计	1.562	9			
校正的总计	0.169	8			

① $R^2 = 0.985$ (调整 $R^2 = 0.940$)。

由表 3-27 的 F 检验可知，按摩转速、靠背倾角和按摩时长的显著水平 Sig. 分别为 0.077、0.036 和 0.038，所以靠背倾角和按摩时长的显著水平 Sig. 均小于 0.05，因此认为靠背倾角和按摩时长的差异性都显著，即靠背倾角和按摩时长对背部按摩工效 (酸胀度) 都产生了显著影响；按摩参数各影响因素的主次顺序为：靠背倾角＞按摩时长＞按摩转速。

表 3-28 背部揉捏按摩工效的单因素统计分析 (按摩参数)

项目	均值	标准误差	95%置信区间	
			下限	上限
A_1 (10r/min)	0.353	0.021	0.264	0.443
A_2 (20r/min)	0.477	0.021	0.387	0.566
A_3 (30r/min)	0.350	0.021	0.260	0.440
B_1 (100°)	0.323	0.021	0.234	0.413
B_2 (120°)	0.517	0.021	0.427	0.606
B_3 (140°)	0.340	0.021	0.250	0.430
C_1 (5min)	0.317	0.021	0.227	0.406
C_2 (10min)	0.513	0.021	0.424	0.603
C_3 (15min)	0.350	0.021	0.260	0.440

由表 3-28 可知，按摩参数的各因素水平对按摩工效影响的大小顺序为：$A_2 > A_1 > A_3$，即按摩转速为 20r/min 按摩时所产生的背部揉捏按摩工效优于其他两种按摩转速；$B_2 > B_3 > B_1$，即靠背倾角为 120° 按摩时所产生的背部揉捏按摩工效优于其他两种靠背倾角；$C_2 > C_3 > C_1$，即按摩时长为 10min 所产生的背部揉捏按摩工效优于其他两种按摩时长。

综合表 3-27 和表 3-28 的分析结果，背部揉捏按摩工效的优化按摩参数是 $A_2B_2C_2$，即按摩转速为 20r/min、靠背倾角为 120° 和按摩时长为 10min；且靠背倾角和按摩时长的差异性显著；按摩参数各影响因素的主次顺序为：靠背倾角＞按摩时长＞按摩转速。

3.2.2.2 按摩工效的试验评价

（1）不同按摩转速按摩时的最高温度和最高温度梯度 先运用 Excel 软件，对按摩部位皮肤表面温度试验所采集的数据进行分析整理，得到温度和温度梯度；然后运用 SPSS 进行温度梯度和温度的描述性统计分析，并以最高温度梯度和最高温度来判断按摩工效的优劣。温度和温度梯度描述性统计结果如表 3-29 所示。各时间点的最高温度统计如表 3-30 所示，其变化趋势如图 3-12 所示。

表 3-29 不同按摩转速按摩时的温度和温度梯度统计（背部揉捏）

项目	温度梯度（10r/min）/℃	温度梯度（20r/min）/℃	温度梯度（30r/min）/℃	温度（10r/min）/℃	温度（20r/min）/℃	温度（30r/min）/℃
最大值	1.1	1.6	1.3	33.2	33.9	33.0
均值	0.532	0.586	0.492	31.723	31.957	31.720
标准差	0.3326	0.4043	0.3187	1.0438	1.1458	0.9256
均值的标准误差	0.0665	0.0764	0.0637	0.1906	0.2092	0.1690

从表 3-29 可以看出，按摩转速 10r/min、20r/min 和 30r/min 按摩时所产生的最高温度梯度分别是 1.1℃、1.6℃ 和 1.3℃，而最高温度分别是 33.2℃、33.9℃ 和 33.0℃，所以最高温度梯度和最高温度都出现在按摩转速为 20r/min 的按摩过程中。

表 3-30 不同按摩转速按摩时的最高温度统计（背部揉捏）

测量时间	温度（10r/min）/℃	温度（20r/min）/℃	温度（30r/min）/℃
第 0 分钟	30.4	30.5	30.4
第 2 分钟	31.3	32.1	31.4
第 4 分钟	32.2	32.9	32.0
第 6 分钟	32.9	33.6	32.5
第 8 分钟	33.0	33.8	32.8
第 10 分钟	33.2	33.9	33.0

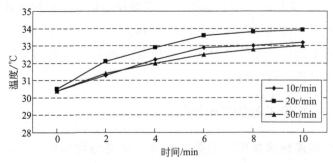

图 3-12　不同按摩转速按摩时的最高温度变化趋势（背部揉捏）

从表 3-30 和图 3-12 可以看出，按摩转速为 20r/min 按摩时各时间点的最高温度比其他转速都要高。因此，从最高温度梯度和最高温度的角度来看，按摩转速为 20r/min 时按摩工效相对优一些。

因此，综合酸胀度主观评价试验以及最高温度和最高温度梯度等两方面的分析结果，认为在按摩转速 10r/min、20r/min 和 30r/min 3 水平下，按摩转速 20r/min 按摩时所产生的背部揉捏按摩工效最优，但是各水平之间的差异性不显著。

（2）不同靠背倾角按摩时的最高温度和最高温度梯度　先运用 Excel 软件，对按摩部位皮肤表面温度试验所采集的数据进行分析整理，得到温度和温度梯度；然后运用 SPSS 进行温度梯度和温度的统计分析，并以最高温度梯度和最高温度来判断按摩工效的优劣。温度和温度梯度描述性统计结果如表 3-31 所示。各时间点的最高温度统计如表 3-32 所示，其变化趋势如图 3-13 所示。

表 3-31　不同靠背倾角按摩时的温度和温度梯度统计（背部揉捏）

项目	温度梯度 （100°） /℃	温度梯度 （120°） /℃	温度梯度 （140°） /℃	温度 （100°） /℃	温度 （120°） /℃	温度 （140°） /℃
最大值	1.3	1.5	1.4	32.6	33.2	33.0
均值	0.560	0.648	0.512	31.280	31.760	31.547
标准差	0.3403	0.4001	0.3655	1.0263	1.1655	0.9902
均值的标准误差	0.0681	0.0800	0.0731	0.1874	0.2128	0.1808

从表 3-31 可以看出，靠背倾角 100°、120°和 140°按摩时所产生的最高温度梯度分别是 1.3℃、1.5℃和 1.4℃，靠背倾角 100°、120°和 140°按摩时所产生的最高温度分别是 32.6℃、33.2℃和 33.0℃，所以最高温度梯度和最高

温度出现在靠背倾角为120°按摩时的按摩过程中。

表 3-32　不同靠背倾角按摩时的最高温度统计（背部揉捏）

测量时间	温度（100°）/℃	温度（120°）/℃	温度（140°）/℃
第 0 分钟	30.1	30.1	30.3
第 2 分钟	30.8	31.3	31.3
第 4 分钟	31.6	32.0	32.0
第 6 分钟	32.0	32.5	32.5
第 8 分钟	32.3	33.0	32.8
第 10 分钟	32.6	33.2	33.0

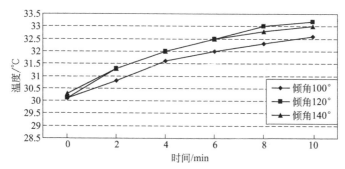

图 3-13　不同靠背倾角按摩时的最高温度变化趋势（背部揉捏）

从表 3-32 和图 3-13 可以看出，靠背倾角为 120°按摩时按摩各时间点的最高温度基本上比其他靠背倾角都要高一些，与靠背倾角为 140°按摩时按摩前半程各时间点的最高温度比较接近。因此，从最高温度梯度和最高温度的角度来看，靠背倾角为 120°按摩时背部揉捏按摩工效相对优一些。

因此，综合酸胀度主观评价试验以及最高温度和最高温度梯度等两方面的分析结果，认为在靠背倾角 100°、120°和 140° 3 水平下，靠背倾角为 120°按摩时所产生的背部揉捏按摩工效最优，且各水平之间的差异性显著。

3.2.3　分析与讨论

按摩椅揉捏按摩时，腰部优化的按摩参数：

① 按摩转速　转速为 20r/min 按摩时所产生的腰部揉捏按摩工效最优，3 种按摩转速之间产生的按摩工效差异性不显著。

② 靠背倾角　倾角为 100°按摩时所产生的腰部揉捏按摩工效最优，3 种

靠背倾角之间产生的按摩工效差异性显著。

③ 按摩时长　时长为 15min 按摩时所产生的腰部揉捏按摩工效最优，3 种按摩时长之间产生的按摩工效差异性不显著。

④ 按摩参数各影响因素的主次顺序为：靠背倾角＞按摩时长＞按摩转速。

按摩椅揉捏按摩时，背部优化的按摩参数：

① 按摩转速　转速为 20r/min 按摩时所产生的背部揉捏按摩工效最优，3 种按摩转速之间的按摩工效差异性不显著。

② 靠背倾角　倾角为 120°按摩时所产生的背部揉捏按摩工效最优，3 种靠背倾角之间的按摩工效差异性显著。

③ 按摩时长　时长为 10min 按摩时所产生的背部揉捏按摩工效最优，3 种按摩时长之间的按摩工效差异性显著。

④ 按摩参数各影响因素的主次顺序为：靠背倾角＞按摩时长＞按摩转速。

根据以上研究结果，作以下分析讨论：

① 靠背倾角是影响腰部和背部揉捏按摩工效最主要的按摩因素　在揉捏按摩时，靠背倾角的大小直接影响腰背部按摩部位的体压分布情况，进而影响按摩力度，最终影响腰背部的揉捏按摩工效。通过靠背倾角的合理设置，可获得理想的按摩效果。所以，靠背倾角优化是获得理想按摩工效的有效途径。

靠背倾角设置时，应在优化结果的基础上，结合不同的按摩部位和不同的按摩对象，进行针对性的调整和再优化。

② 揉捏按摩参数各因素影响腰部和背部按摩工效的主次顺序是相同的　在腰部和背部揉捏按摩时，按摩转速、靠背倾角和按摩时长等揉捏按摩参数对腰部和背部按摩工效的影响程度是一致的，按摩参数对腰部和背部揉捏按摩工效的作用程度无本质差别，说明在揉捏按摩参数因素优化时，腰部和背部可以同时进行，仅需优化设置各因素的不同水平。

③ 腰部与背部优化的揉捏按摩参数比较分析　通过比较发现，腰部和背部揉捏按摩产生最优的按摩工效时，按摩转速是相同的，靠背倾角和按摩时长都是不同的。腰部按摩的靠背倾角比背部按摩的靠背倾角小，腰部按摩的按摩时长比背部的按摩时长大，所以靠背倾角小一些，按摩头与按摩部位的作用力就相应小一些，通过调整按摩时长，以保证较优的按摩工效。

综上所述，本节优化了腰部和背部的按摩界面特征，确定了按摩参数各因素的重要程度，以及按摩界面特征对腰背部揉捏按摩工效的影响规律。查阅已有的相关研究文献，陈浩淼研究了按摩转速和靠背倾角对腰背部按摩舒适度的影响，其研究结果仅优化了部分按摩参数，没涉及腰背部的比较分析，也未对其影响规律作阐述。

3.3　按摩界面和按摩参数交互作用对揉捏按摩工效的影响

在按摩界面特征和按摩参数的优化研究基础上，结合实际反馈的按摩工效，依据差异性显著程度和影响因素主次顺序等基本原则，选取按摩头形状和按摩头大小等两个按摩界面特征因素以及靠背倾角等一个按摩参数因素，并选择这 3 个因素的 2 个水平，研究按摩界面和按摩参数交互作用对腰背部揉捏按摩工效的影响，具体如表 3-33 所示。

表 3-33　揉捏按摩时交互作用的水平

按摩参数	水平	
	1	2
靠背倾角	100°	140°
按摩头形状	椭圆形	圆柱形
按摩头大小	椭圆形中	圆柱形小

靠背倾角、按摩头形状、按摩头大小以及交互作用正交试验设计时，选择正交表 L_8（2^7），具体的正交试验设计如表 3-34 所示。

表 3-34　交互作用的正交试验设计

试验号	A（倾角）	B（形状）	A＊B	C（大小）	A＊C	B＊C	空列	酸胀度（腰/背）	
1	1	1	1	1	1	1	1	0.70	0.48
2	1	1	1	2	2	2	2	0.48	0.20
3	1	2	2	1	1	2	2	0.45	0.35
4	1	2	2	2	2	1	1	0.30	0.25
5	2	1	2	1	2	1	2	0.43	0.65

试验号	A (倾角)	B (形状)	A*B	C (大小)	A*C	B*C	空列	酸胀度 (腰/背)	
6	2	1	2	2	1	2	1	0.20	0.30
7	2	2	1	1	2	2	1	0.35	0.48
8	2	2	1	2	1	1	2	0.18	0.30

3.3.1 按摩界面和按摩参数交互作用对腰部揉捏按摩工效的影响

先运用 Excel 软件，对酸胀度主观评价试验所采集的数据进行分析整理；然后运用 SPSS 软件进行分析处理，腰部按摩工效的方差分析结果如表 3-35 所示。

表 3-35 腰部揉捏按摩工效的方差分析（交互作用）

源	Ⅲ型平方和	df	均方	F	Sig.
校正模型	0.199[①]	6	0.033	2655.667	0.015
截距	1.194	1	1.194	95481.000	0.002
A (倾角)	0.074	1	0.074	5929.000	0.008
B (形状)	0.035	1	0.035	2809.000	0.012
A*B	0.014	1	0.014	1089.000	0.019
C (大小)	0.074	1	0.074	5929.000	0.008
A*C	0.000	1	0.000	9.000	0.205
B*C	0.002	1	0.002	169.000	0.049
误差	1.250×10^{-5}	1	1.250×10^{-5}		
总计	1.393	8			
校正的总计	0.199	7			

① $R^2 = 1.000$（调整 $R^2 = 1.000$）。

由表 3-35 中的 F 检验可知：

① 靠背倾角和按摩头形状之间交互作用、按摩头形状和按摩头大小之间交互作用、靠背倾角、按摩头形状、按摩头大小的显著水平 Sig. 分别为 0.019、0.049、0.008、0.012 和 0.008，它们的显著水平 Sig. 均小于 0.05，即差异性都显著。所以认为靠背倾角和按摩头形状之间交互作用、按摩头形状和靠背倾角之间交互作用差异性都显著，另外靠背倾角、按摩头形状、按

摩头大小等因素差异性显著，也就是说靠背倾角和按摩头形状之间交互作用、按摩头形状和按摩头大小之间交互作用、靠背倾角、按摩头形状、按摩头大小等因素对揉捏式腰部按摩工效（酸胀度）产生了显著影响。

② 靠背倾角和按摩头大小之间交互作用的显著水平 Sig. 为 0.205，大于 0.05，即它的差异性不显著，也就是说靠背倾角和按摩头大小之间交互作用对腰部揉捏按摩工效（酸胀度）产生影响不明显。

③ 交互作用影响因素的主次顺序为：靠背倾角和按摩头形状之间交互作用＞按摩头形状和按摩头大小之间交互作用＞靠背倾角和按摩头大小之间交互作用。

3.3.2　按摩界面和按摩参数交互作用对背部揉捏按摩工效的影响

先运用 Excel 软件，对酸胀度主观评价试验所采集的数据进行分析整理；然后运用 SPSS 软件进行分析，背部按摩工效的方差分析结果如表 3-38 所示。

表 3-36　背部揉捏按摩工效的方差分析（交互作用）

源	Ⅲ型平方和	df	均方	F	Sig.
校正模型	$0.156^{①}$	6	0.026	2077.000	0.017
截距	1.133	1	1.133	90601.000	0.002
A（倾角）	0.025	1	0.025	2025.000	0.014
B（形状）	0.008	1	0.008	625.000	0.025
A＊B	0.001	1	0.001	81.000	0.070
C（大小）	0.104	1	0.104	8281.000	0.007
A＊C	0.003	1	0.003	225.000	0.042
B＊C	0.015	1	0.015	1225.000	0.018
误差	1.250×10^{-5}	1	1.250×10^{-5}		
总计	1.288	8			
校正的总计	0.156	7			

① $R^2 = 1.000$（调整 $R^2 = 0.999$）。

由表 3-36 中的 F 检验可知：

① 靠背倾角和按摩头大小之间交互作用、按摩头形状和按摩头大小之间

交互作用、靠背倾角、按摩头形状、按摩头大小的显著水平 Sig. 分别为 0.042、0.018、0.014、0.025 和 0.007，它们的显著水平 Sig. 均小于 0.05，即差异性都显著。所以认为靠背倾角和按摩头大小之间交互作用以及按摩头形状和按摩头大小之间交互作用、靠背倾角、按摩头形状、按摩头大小等因素对背部揉捏按摩工效（酸胀度）都产生了显著影响。

② 靠背倾角和按摩头形状之间交互作用的显著水平 Sig. 为 0.070，大于 0.05，即差异性不显著，也就是说靠背倾角和按摩头形状之间交互作用对揉捏式背部按摩工效（酸胀度）产生影响不明显。

③ 影响因素的主次顺序为：按摩头形状和按摩头大小之间交互作用＞靠背倾角和按摩头大小之间交互作用＞靠背倾角和按摩头形状之间交互作用。

3.3.3　分析与讨论

通过按摩界面和按摩参数的交互作用的正交交互试验研究，得到以下结果：

① 在腰部揉捏按摩时，靠背倾角和按摩头形状之间交互作用以及按摩头形状和按摩头大小之间交互作用对腰部按摩工效都产生了显著影响；

② 在背部揉捏按摩时，靠背倾角和按摩头大小之间交互作用以及按摩头形状和按摩头大小之间交互作用对背部按摩工效都产生了显著影响。

通过比较分析发现，按摩界面特征和按摩参数交互作用对腰部和背部揉捏按摩工效的影响不是完全相同的。

① 按摩头形状和按摩头大小之间交互作用对腰部和背部的按摩工效都产生了显著影响。

按摩头形状和按摩头大小一起构成按摩头的最终形态，按摩头形态是决定按摩力量大小的重要因素。在腰部与背部揉捏按摩时，按摩头形态都对按摩工效产生了明显影响。因此，按摩头形状与按摩头大小应协同设计，以保证理想的按摩效果。

② 靠背倾角与按摩头形状、按摩头大小的交互作用都对腰部和背部按摩工效产生显著影响。

靠背倾角会影响腰背部按摩部位的体压分布情况，也是影响腰背部揉捏按摩工效的重要因素。靠背倾角与按摩头形状、按摩头大小一起，共同影响腰背揉捏按摩的按摩力量。因此，靠背倾角的不同会导致相同按摩头产生不同的按摩效果，按摩头形态优化设计还需协同靠背倾角的大小设置。

根据按摩椅企业工程师的建议和预试验的结果，按摩界面特征和按摩参数之间交互作用肯定会对按摩工效产生影响。查阅相关研究文献，按摩界面特征和按摩参数之间交互作用对腰背部揉捏按摩工效的研究还未见报道。

综上所述，本章从按摩界面特征和按摩参数等角度，采用酸胀度主观评价法、皮肤表面温度法和正交试验法，研究了按摩界面特征、按摩参数以及按摩界面特征和按摩参数交互作用对腰背部揉捏按摩工效的影响。按摩界面特征和按摩参数对腰部和背部揉捏按摩工效的影响规律不是完全相同的，腰部按摩和背部按摩相比，两者在按摩头形状、按摩头大小和按摩转速方面对按摩工效影响是相同的；但是，腰部按摩时按摩器包覆层厚度比背部按摩时薄，靠背倾角比背部按摩时大，按摩时长比背部按摩时长，其具体研究结论如下：

① 腰部揉捏按摩时，优化的按摩界面特征是按摩头形状为椭圆形、按摩头大小为椭圆形中和按摩器包覆层的厚度为 3mm，按摩头形状、按摩头大小和包覆层厚度等因素的差异性都显著，即按摩界面的 3 个因素对腰部揉捏按摩工效都产生了显著影响；各影响因素的主次顺序是：按摩头形状＞按摩头大小＞按摩器包覆层厚度。

② 腰部揉捏按摩时，优化的按摩参数是按摩转速为 20r/min、靠背倾角为 100° 和按摩时长为 15min，其中只有靠背倾角的差异性显著，即靠背倾角对腰部揉捏按摩工效产生了显著影响；各影响因素的主次顺序为：靠背倾角＞按摩时长＞按摩转速。

③ 腰部揉捏按摩时，按摩界面特征和按摩参数的交互作用差异性显著的是靠背倾角和按摩头形状之间交互作用以及按摩头形状和按摩头大小之间交互作用，也就是它们对腰部按摩工效产生了显著影响。

④ 背部揉捏按摩时，优化的按摩界面特征是按摩头形状为椭圆形、按摩头大小为椭圆形中和按摩器包覆层的厚度为 4mm，按摩头形状的差异性显著，即按摩头形状对背部揉捏按摩工效产生了显著影响；各影响因素的主次顺序是：按摩头形状＞按摩器包覆层厚度＞按摩头大小。

⑤ 背部揉捏按摩时，优化的按摩参数是按摩转速为 20r/min、靠背倾角为 120° 和按摩时长为 10min，其中靠背倾角和按摩时长的差异性都显著，即靠背倾角和按摩时长对背部揉捏按摩工效都产生了显著影响；各影响因素的

主次顺序为：靠背倾角＞按摩时长＞按摩转速。

⑥ 背部揉捏按摩时，按摩界面和按摩参数的交互作用差异性显著的是靠背倾角和按摩头大小之间交互作用以及按摩头形状和按摩头大小之间交互作用，也就是它们对背部按摩工效产生了显著影响。

第 4 章
腰背部指压按摩工效

按摩椅指压按摩模拟指压式手法按摩的基本原理，通过机械结构对腰背部肌肉垂直施力，消除肌肉紧张和疲劳。从按摩头形状、按摩头大小和按摩器包覆层厚度等按摩界面特征因素以及按摩转速、指压速度、指压深度、靠背倾角和按摩时长等按摩参数因素角度，以酸胀度和按摩部位皮肤表面最高温度及最高温度梯度为分析指标，研究其对按摩椅腰背部指压按摩工效的影响，探析指压按摩时腰部和背部优化的按摩界面特征和按摩参数以及指压按摩工效作用规律。

4.1 按摩界面特征对指压按摩工效的影响

根据按摩椅企业的相关建议，参考人工按摩原理、预试验结果和现有试验条件，结合市场上常见的按摩界面特征，指压按摩界面特征选择按摩头形状、按摩头大小和按摩器包覆层厚度三个因素，具体如表 4-1 所示。按摩头形状选取椭圆形、圆柱Ⅰ形、圆柱Ⅱ形和圆柱Ⅲ形 4 水平，具体如图 4-1 所示；按摩头大小选择椭圆形中、圆柱形大和圆柱形小 3 水平，按摩头大小如图 4-2 所示。按摩器包覆层厚度选择 2mm、3mm 和 4mm 3 水平。

表 4-1　指压按摩时界面特征的水平

按摩界面	水平			
	1	2	3	4
按摩头形状	椭圆形	圆柱Ⅰ形	圆柱Ⅱ形	圆柱Ⅲ形
按摩头大小	椭圆形中	圆柱形大	圆柱形小	
按摩器包覆层厚度	2mm	3mm	4mm	

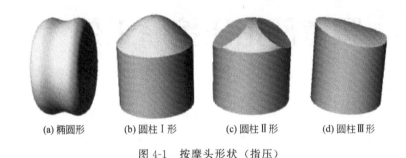

(a) 椭圆形　　(b) 圆柱Ⅰ形　　(c) 圆柱Ⅱ形　　(d) 圆柱Ⅲ形

图 4-1　按摩头形状（指压）

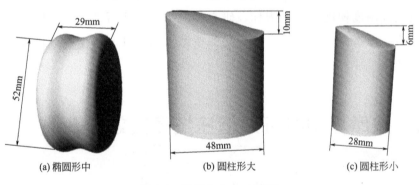

(a) 椭圆形中　　(b) 圆柱形大　　(c) 圆柱形小

图 4-2　按摩头大小（指压）

　　按摩界面的正交试验设计。按摩界面包括按摩头形状、按摩头大小和按摩器包覆层厚度等 3 个因素，其中按摩头大小和按摩器包覆层厚度为 3 水平，而按摩头形状为 4 水平，具体如表 4-1 所示。正交试验时，选择 5 因素 4 水平的正交表 L_{16}（4^5），按摩头大小和包覆层厚度因素采用拟水平法，根据预试验的结果将椭圆形这一水平（第 1 水平）代替第 4 水平，腰部按摩时将包覆层厚度 3mm（第 2 水平）代替第 4 水平，背部按摩时将包覆层厚度 4mm（第 3 水平）代替第 4 水平，腰背部按摩的正交表如表 4-2 所示。

表 4-2　腰背部按摩界面的正交试验设计

试验号	A（形状）	B（大小）	C（厚度）	空列	空列	酸胀度
1	1（椭圆形）	1（椭圆形中）	1（2mm）	1	1	
2	1	2（圆柱形大）	2（3mm）	2	2	
3	1	3（圆柱形小）	3（4mm）	3	3	
4	1	4（1）	4（2）	4	4	
5	2（圆柱Ⅰ形）	1	2	3	4	
6	2	2	1	4	3	
7	2	3	4（2）	1	2	
8	2	4（1）	3	2	1	
9	3（圆柱Ⅱ形）	1	3	4	2	
10	3	2	4（2）	3	1	
11	3	3	1	2	4	
12	3	4（1）	2	1	3	
13	4（圆柱Ⅲ形）	1	4（2）	2	3	
14	4	2	3	1	4	
15	4	3	2	4	1	
16	4	4（1）	1	3	2	

4.1.1　按摩界面特征对腰部指压按摩工效的影响

4.1.1.1　按摩工效的主观评价

先运用 Excel 软件，对酸胀度主观评价试验所采集的数据进行分析整理；然后运用 SPSS 软件进行统计分析，腰部按摩工效的方差分析结果如表 4-3 所示，按摩界面特征各因素的单因素统计分析结果如表 4-4 所示。

表 4-3　腰部指压按摩工效的方差分析（按摩界面特征）

源	Ⅲ型平方和	df	均方	F	Sig.
校正模型	0.181[①]	7	0.026	4.437	0.026
截距	1.445	1	1.445	247.950	0
A（形状）	0.013	3	0.004	0.722	0.567
B（大小）	0.104	2	0.052	8.930	0.009
C（厚度）	0.064	2	0.032	5.516	0.031

源	Ⅲ型平方和	df	均方	F	Sig.
误差	0.047	8	0.006		
总计	2.530	16			
校正的总计	0.228	15			

① $R^2 = 0.795$（调整 $R^2 = 0.616$）。

由表 4-3 中的 F 检验可知，按摩头形状、按摩头大小和按摩器包覆层厚度的显著水平 Sig. 分别为 0.567、0.009 和 0.031，所以按摩头大小和按摩器包覆层厚度 Sig. 均小于 0.05，因此认为按摩头大小和按摩器包覆层厚度等两个因素差异性均显著，也就是说按摩头大小和按摩器包覆层厚度对指压式腰部按摩工效（酸胀度）都产生了显著影响；按摩界面特征各影响因素的主次顺序为：按摩头大小＞按摩器包覆层厚度＞按摩头形状。

表 4-4　腰部指压按摩工效的按摩界面单因素分析（按摩界面特征）

项目	均值	标准误差	95%置信区间	
			下限	上限
A₁（椭圆形）	0.333	0.039	0.242	0.423
A₂（圆柱Ⅰ形）	0.310	0.039	0.220	0.401
A₃（圆柱Ⅱ形）	0.308	0.039	0.217	0.398
A₄（圆柱Ⅲ形）	0.378	0.039	0.287	0.468
B₁（椭圆形中）	0.440	0.028	0.376	0.504
B₂（圆柱形大）	0.275	0.039	0.186	0.364
B₃（圆柱形小）	0.282	0.039	0.193	0.372
C₁（2mm）	0.318	0.039	0.229	0.407
C₂（3mm）	0.413	0.028	0.349	0.477
C₃（4mm）	0.266	0.039	0.176	0.355

由表 4-4 可知，按摩界面特征的各因素水平对按摩工效影响的大小顺序为：$A_4 > A_1 > A_2 > A_3$，即圆柱Ⅲ形按摩头按摩所产生的腰部指压按摩工效优于其他按摩头形状的按摩工效；$B_1 > B_3 > B_2$，即椭圆形中按摩头按摩所产生的腰部指压按摩工效优于其他两种按摩头大小的按摩工效；$C_2 > C_1 > C_3$，即按摩器包覆层 3mm 按摩时所产生的腰部指压按摩工效优于其他两种厚度的按摩工效。

综合表 4-3 和表 4-4 的分析结果，腰部指压按摩工效的优化按摩界面特征是 $A_4 B_1 C_2$，即按摩头形状为圆柱Ⅲ形、按摩头大小为椭圆形中和按摩器包覆层厚度为 3mm；且按摩头大小和包覆层厚度对腰部指压按摩都产生了显著影响；按摩界面特征各影响因素的主次顺序为：按摩头大小＞按摩器包覆层厚度＞按摩头形状。

4.1.1.2 按摩工效的试验评价

（1）不同形状按摩头按摩时的最高温度和最高温度梯度 先运用 Excel 软件，对温度试验数据进行分析，得到温度和温度梯度；然后运用 SPSS 进行统计分析，并以最高温度梯度和最高温度来判断按摩工效优劣。温度和温度梯度统计结果如表 4-5 所示，最高温度统计如表 4-6 所示，且其变化趋势如图 4-3 所示。

表 4-5　不同形状按摩头按摩时的温度和温度梯度统计（腰部指压）

项目	温度梯度（圆柱Ⅰ形）/℃	温度梯度（圆柱Ⅱ形）/℃	温度梯度（圆柱Ⅲ形）/℃	温度梯度（椭圆形）/℃	温度（圆柱Ⅰ形）/℃	温度（圆柱Ⅱ形）/℃	温度（圆柱Ⅲ形）/℃	温度（椭圆形）/℃
最大值	1.2	1.1	1.4	1.2	33.2	32.4	33.4	33.3
均值	0.512	0.424	0.568	0.508	31.783	31.377	32.003	31.903
标准差	0.2891	0.2650	0.3375	0.2842	1.0249	0.8464	1.1467	0.9583
均值标准误差	0.0578	0.0530	0.0675	0.0568	0.1871	0.1545	0.2093	0.1750

从表 4-5 可以看出，椭圆形、圆柱Ⅰ形、圆柱Ⅱ形和圆柱Ⅲ形等按摩头按摩时最高温度梯度分别是 1.2℃、1.2℃、1.1℃和 1.4℃，椭圆形、圆柱Ⅰ形、圆柱Ⅱ形和圆柱Ⅲ形等按摩头按摩时最高温度分别是 33.3℃、33.2℃、32.4℃和 33.4℃，所以最高温度梯度和最高温度都出现在圆柱Ⅲ形的按摩过程中，椭圆形按摩头按摩时的最高温度和最高温度梯度次之。

表 4-6　不同形状按摩头按摩时的最高温度统计（腰部指压）

测量时间	温度（圆柱Ⅰ形）/℃	温度（圆柱Ⅱ形）/℃	温度（圆柱Ⅲ形）/℃	温度（椭圆形）/℃
第 0 分钟	30.8	30.5	30.7	30.8
第 2 分钟	31.5	31.2	31.6	31.6
第 4 分钟	32.1	31.7	32.4	32.4
第 6 分钟	32.7	32.1	33.1	32.9
第 8 分钟	33.0	32.3	33.4	33.1
第 10 分钟	33.2	32.4	33.4	33.3

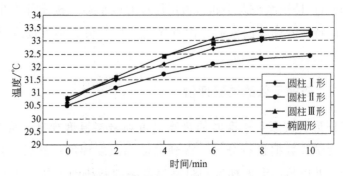

图 4-3　不同形状按摩头按摩时的最高温度变化趋势（腰部指压）

从表 4-6 和图 4-3 可以看出，圆柱Ⅲ形按摩时各时间点的最高温度比其他按摩头形状都高一些，但是按摩前半程与椭圆形的最高温度非常接近。因此，从最高温度梯度和最高温度的角度来看，圆柱Ⅲ形按摩时工效相对优一些。

因此，综合酸胀度主观评价试验以及最高温度和最高温度梯度等两方面的分析结果，认为在椭圆形、圆柱Ⅰ形、圆柱Ⅱ形和圆柱Ⅲ形 4 水平下，圆柱Ⅲ形腰部指压按摩工效最优，但是各水平之间差异不显著。

（2）不同大小按摩头按摩时的最高温度和最高温度梯度　先运用 Excel 软件，对按摩部位皮肤表面温度试验所采集的数据进行分析整理，得到温度和温度梯度；然后运用 SPSS 进行温度梯度和温度的描述性统计分析，并以最高温度梯度和最高温度来判断按摩工效的优劣。温度和温度梯度描述性统计结果如表 4-7 所示。各时间点的最高温度统计如表 4-8 所示，其变化趋势如图 4-4 所示。

表 4-7　不同大小按摩头按摩时的温度和温度梯度统计（腰部指压）

项目	温度梯度（椭圆形中）/℃	温度梯度（圆柱形大）/℃	温度梯度（圆柱形小）/℃	温度（椭圆形中）/℃	温度（圆柱形大）/℃	温度（圆柱形小）/℃
最大值	1.3	0.9	1.2	33.4	32.9	33.4
均值	0.544	0.464	0.504	31.680	31.643	31.980
标准差	0.3029	0.2361	0.2806	1.1199	0.9209	0.9474
均值的标准误差	0.0606	0.0472	0.0561	0.2045	0.1681	0.1730

从表 4-7 可以看出，椭圆形中、圆柱形大和圆柱形小等按摩头形状按摩时产生的最高温度梯度分别是 1.3℃、0.9℃ 和 1.2℃，椭圆形中、圆柱形大和圆柱形小等按摩头形状按摩时产生的最高温度分别是 33.4℃、32.9℃ 和

33.4℃，最高温度梯度和最高温度均出现在椭圆形中按摩头的按摩过程中，圆柱形小和椭圆形中的最高温度是相同的。

表4-8 不同大小按摩头按摩时的最高温度统计（腰部指压）

测量时间	温度（椭圆形中）/℃	温度（圆柱形大）/℃	温度（圆柱形小）/℃
第0分钟	30.6	30.7	30.6
第2分钟	31.6	31.5	31.8
第4分钟	32.3	32.1	32.5
第6分钟	32.9	32.6	33.0
第8分钟	33.2	32.8	33.2
第10分钟	33.4	32.9	33.4

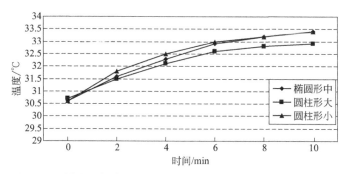

图4-4 不同大小按摩头按摩时的最高温度变化趋势（腰部指压）

由表4-8和图4-4可以看出，椭圆形中按摩头在前半段按摩时各时间点的最高温度处于中间位置；后半段按摩各时间点的最高温度处于最高位置，但是和圆柱小按摩头的最高温度很接近。因此，从最高温度梯度和最高温度的角度来看，椭圆形中按摩头的按摩工效相对优一些，但是差别不是很明显。

因此，综合酸胀度主观评价试验以及最高温度和最高温度梯度等两方面的分析结果，认为在椭圆形中、圆柱形大和圆柱形小3水平下，椭圆形中按摩头按摩时所产生的腰部指压按摩工效最优，但从各时间点的最高温度来看，与其他形状的按摩工效差异不明显，比较接近。

（3）不同包覆层厚度按摩时的最高温度和最高温度梯度 先运用Excel软件，对按摩部位皮肤表面温度试验所采集的数据进行分析整理，得到温度和温度梯度；然后运用SPSS进行温度梯度和温度的描述性统计分析，并以最高温度梯度和最高温度来判断按摩工效的优劣。温度和温度梯度描述性统计结果如表4-9所示。各时间点的最高温度统计如表4-10所示，其变化趋势如图 4-5 所示。

表 4-9　不同包覆层厚度按摩时的温度和温度梯度统计（腰部指压）

项目	温度梯度（2mm）/℃	温度梯度（3mm）/℃	温度梯度（4mm）/℃	温度（2mm）/℃	温度（3mm）/℃	温度（4mm）/℃
最大值	0.9	1.2	1.0	33.0	33.4	33.3
均值	0.428	0.516	0.484	31.610	31.777	31.843
标准差	0.2337	0.3184	0.2656	0.8880	1.0295	0.9321
均值的标准误差	0.0467	0.0637	0.0531	0.1621	0.1880	0.1702

从表 4-9 可以看出，按摩器包覆层厚度 2mm、3mm 和 4mm 按摩时所产生的最高温度梯度分别是 0.9℃、1.2℃ 和 1.0℃，包覆层厚度 2mm、3mm 和 4mm 按摩时所产生的最高温度分别是 33.0℃、33.4℃ 和 33.3℃，最高温度梯度和最高温度都出现在按摩器包覆层厚度为 3mm 的按摩过程中。

表 4-10　不同包覆层厚度按摩时的最高温度统计（腰部指压）

测量时间	温度（2mm）/℃	温度（3mm）/℃	温度（4mm）/℃
第 0 分钟	30.6	30.5	30.6
第 2 分钟	31.5	31.7	31.6
第 4 分钟	32.1	32.5	32.3
第 6 分钟	32.5	33.0	32.9
第 8 分钟	32.8	33.3	33.1
第 10 分钟	33.0	33.4	33.3

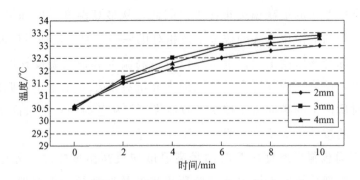

图 4-5　不同包覆层厚度按摩时的最高温度变化趋势（腰部指压）

从表 4-10 和图 4-5 可以看出，按摩器包覆层厚度为 3mm 按摩时各时间点的最高温度比其他厚度都要高一些。因此，从最高温度梯度和最高温度的角

　按摩椅工效与人体工程学

度来看，按摩器包覆层厚度为 3mm 的按摩工效相对优一些。

因此，综合酸胀度主观评价试验以及最高温度和最高温度梯度等两方面的分析结果，认为在按摩器包覆层厚度 2mm、3mm 和 4mm 3 水平下，按摩器包覆层厚度为 3mm 按摩时产生的腰部指压按摩工效较优，且各水平之间的差异性显著。

4.1.2 按摩界面特征对背部指压按摩工效的影响

4.1.2.1 按摩工效的主观评价

先运用 Excel 软件，对酸胀度主观评价试验所采集的数据进行分析整理；然后运用 SPSS 软件进行统计分析，背部按摩工效的方差分析结果如表 4-11 所示，不同界面特征的单因素统计分析结果如表 4-12 所示。

表 4-11 背部指压按摩工效的方差分析（按摩界面特征）

源	III 型平方和	df	均方	F	Sig.
校正模型	0.229[①]	7	0.033	4.090	0.033
截距	1.736	1	1.736	217.095	0
A（形状）	0.066	3	0.022	2.732	0.114
B（大小）	0.076	2	0.038	4.735	0.044
C（厚度）	0.088	2	0.044	5.479	0.032
误差	0.064	8	0.008		
总计	2.950	16			
校正的总计	0.293	15			

① $R^2 = 0.782$（调整 $R^2 = 0.590$）。

由表 4-11 中的 F 检验可知，按摩头形状、按摩头大小和按摩器包覆层厚度的显著水平 Sig. 分别为 0.114、0.044 和 0.032，所以按摩头大小和按摩器包覆层厚度 Sig. 均小于 0.05，因此认为按摩头大小和按摩器包覆层厚度等两个因素的差异性都显著，也就是说按摩头大小和按摩器包覆层厚度对背部指压按摩工效（酸胀度）都产生了显著影响；按摩界面特征各影响因素的主次顺序为：按摩器包覆层厚度＞按摩头大小＞按摩头形状。

表 4-12 背部指压按摩工效的单因素分析（按摩界面特征）

项目	均值	标准误差	95％置信区间	
			下限	上限
A_1（椭圆形）	0.399	0.046	0.293	0.505
A_2（圆柱 I 形）	0.302	0.046	0.196	0.408
A_3（圆柱 II 形）	0.304	0.046	0.198	0.410
A_4（圆柱 III 形）	0.452	0.046	0.346	0.558
B_1（椭圆形中）	0.456	0.032	0.381	0.531
B_2（圆柱形大）	0.315	0.045	0.210	0.419
B_3（圆柱形小）	0.322	0.045	0.218	0.427
C_1（2mm）	0.382	0.045	0.278	0.487
C_2（3mm）	0.265	0.045	0.160	0.369
C_3（4mm）	0.446	0.032	0.371	0.521

由表 4-12 可知，按摩界面特征的各因素水平对按摩工效影响的大小顺序为：$A_4 > A_1 > A_3 > A_2$，即圆柱 III 形按摩头按摩时产生的背部指压按摩工效优于其他按摩头形状的按摩工效；$B_1 > B_3 > B_2$，即椭圆形中按摩头按摩时产生的背部指压按摩工效优于其他按摩头的按摩工效；$C_3 > C_1 > C_2$，即按摩器包覆层 4mm 按摩产生的背部指压按摩工效优于其他厚度的按摩工效。

综合表 4-11 和表 4-12 的分析结果，背部指压按摩工效的优化按摩界面特征是 $A_4 B_1 C_3$，即按摩头形状为圆柱 III 形、按摩头大小为椭圆形中和按摩器包覆层厚度为 4mm；且按摩头大小和按摩器包覆层厚度对背部指压按摩工效都产生了显著影响；按摩界面特征影响因素的主次顺序为：按摩器包覆层厚度＞按摩头大小＞按摩头形状。

4.1.2.2 按摩工效的试验评价

（1）不同形状按摩头按摩时的最高温度和最高温度梯度 先运用 Excel 软件，对按摩部位皮肤表面温度试验所采集的数据进行分析整理，得到温度和温度梯度；然后运用 SPSS 进行温度梯度和温度的描述性统计分析，并以最高温度梯度和最高温度来判断按摩工效的优劣。温度和温度梯度描述性统计结果如表 4-13 所示。各时间点的最高温度统计如表 4-14 所示，其变化趋势如图 4-6 所示。

表 4-13　不同形状按摩头按摩时的温度和温度梯度统计（背部指压）

项目	温度梯度（椭圆形）/℃	温度梯度（圆柱Ⅰ形）/℃	温度梯度（圆柱Ⅱ形）/℃	温度梯度（圆柱Ⅲ形）/℃	温度（椭圆形）/℃	温度（圆柱Ⅰ形）/℃	温度（圆柱Ⅱ形）/℃	温度（圆柱Ⅲ形）/℃
最大值	1.1	0.9	1.1	1.4	33.3	32.4	32.6	33.3
均值	0.520	0.432	0.476	0.556	31.500	31.257	31.533	31.793
标准差	0.2769	0.2545	0.2948	0.3241	0.9983	0.8488	0.8802	1.0872
均值标准误差	0.0554	0.0509	0.0590	0.0648	0.1823	0.1550	0.1607	0.1985

从表 4-13 可以看出，椭圆形、圆柱Ⅰ形、圆柱Ⅱ形和圆柱Ⅲ形等按摩头按摩时产生的最高温度梯度分别是 1.1℃、0.9℃、1.1℃和 1.4℃，椭圆形、圆柱Ⅰ形、圆柱Ⅱ形和圆柱Ⅲ形等按摩头按摩时产生的最高温度分别是 33.3℃、32.4℃、32.6℃和 33.3℃，所以最高温度梯度和最高温度都出现在圆柱Ⅲ形的按摩过程中，其最高温度与椭圆形是相同的。

表 4-14　不同形状按摩头按摩时的最高温度统计（背部指压）

测量时间	温度（圆柱Ⅰ形）/℃	温度（圆柱Ⅱ形）/℃	温度（圆柱Ⅲ形）/℃	温度（椭圆形）/℃
第 0 分钟	30.2	30.3	30.8	30.4
第 2 分钟	31.0	31.0	31.6	31.4
第 4 分钟	31.5	31.8	32.4	32.2
第 6 分钟	31.9	32.3	32.9	32.8
第 8 分钟	32.2	32.4	33.1	33.1
第 10 分钟	32.4	32.6	33.3	33.3

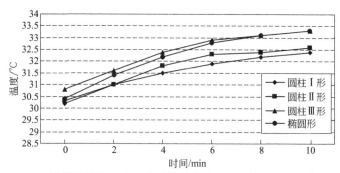

图 4-6　不同形状按摩头按摩时的最高温度变化趋势（背部指压）

由表 4-14 和图 4-6 可以看出，圆柱Ⅲ形按摩头按摩时各时间点的最高温度比其他形状都要高一些，在按摩后半段圆柱Ⅲ形和椭圆形的最高温度很接近。因此，从最高温度梯度和最高温度角度看，圆柱Ⅲ形按摩头按摩时产生的按摩工效相对优一些。

因此，综合酸胀度主观评价试验以及最高温度和最高温度梯度等两方面的分析结果，认为在椭圆形、圆柱Ⅰ形、圆柱Ⅱ形和圆柱Ⅲ形4水平下，圆柱Ⅲ形的背部指压按摩工效最优，但是各水平之间的按摩工效差异性不显著。

（2）不同大小按摩头按摩时的最高温度和最高温度梯度 先运用 Excel 软件，对按摩部位皮肤表面温度试验所采集的数据进行分析整理，得到温度和温度梯度；然后运用 SPSS 进行温度梯度和温度的描述性统计分析，并以最高温度梯度和最高温度来判断按摩工效的优劣。温度和温度梯度描述性统计结果如表 4-15 所示。各时间点的最高温度统计如表 4-16 所示，其变化趋势如图 4-7 所示。

表 4-15　不同大小按摩头按摩时的温度和温度梯度统计（背部指压）

项目	温度梯度（椭圆形中）/℃	温度梯度（圆柱形大）/℃	温度梯度（圆柱形小）/℃	温度（椭圆形中）/℃	温度（圆柱形大）/℃	温度（圆柱形小）/℃
最大值	1.0	1.1	1.0	32.9	32.8	32.8
均值	0.496	0.480	0.484	31.670	31.280	31.480
标准差	0.2669	0.2915	0.2609	0.9173	0.9967	0.9672
均值的标准误差	0.0534	0.0583	0.0522	0.1675	0.1820	0.1766

从表 4-15 可以看出，椭圆形中、圆柱形大和圆柱形小等按摩头按摩时产生的最高温度梯度分别是 1.0℃、1.1℃和 1.0℃，椭圆形中、圆柱形大和圆柱形小等按摩头按摩时产生的最高温度分别是 32.9℃、32.8℃和 32.8℃，所以最高温度梯度出现在圆柱形大按摩头的按摩过程中，而最高温度出现在椭圆形中按摩头的按摩过程中。

表 4-16　不同大小按摩头按摩时的最高温度统计（背部指压）

测量时间	温度（椭圆形中）/℃	温度（圆柱形大）/℃	温度（圆柱形小）/℃
第 0 分钟	30.3	30.2	30.3
第 2 分钟	31.3	31.1	31.2
第 4 分钟	32.0	31.8	31.9
第 6 分钟	32.5	32.3	32.4
第 8 分钟	32.7	32.6	32.6
第 10 分钟	32.9	32.8	32.8

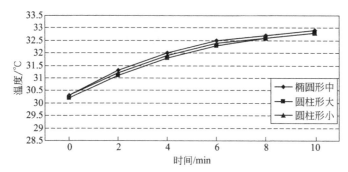

图 4-7　不同大小按摩头按摩时的最高温度（背部指压）

由表 4-16 和图 4-7 可以看出，三种大小按摩头的各时间点的最高温度很接近，差别不是很明显，椭圆形中按摩头在各时间点的最高温度相对较高。因此，从最高温度梯度和最高温度的角度来看，椭圆形中按摩头按摩时的按摩工效相对优一些。

因此，综合酸胀度主观评价试验以及最高温度和最高温度梯度等两方面的分析结果，认为在椭圆形中、圆柱形大和圆柱形小 3 水平下，椭圆形中按摩头按摩时产生的背部指压按摩工效最优，且各水平之间的差异性显著。

（3）不同包覆层厚度按摩时的最高温度和最高温度梯度　先运用 Excel 软件，对按摩部位皮肤表面温度试验所采集的数据进行分析整理，得到温度和温度梯度；然后运用 SPSS 进行温度梯度和温度的描述性统计分析，并以最高温度梯度和最高温度来判断按摩工效的优劣。温度和温度梯度描述性统计结果如表 4-17 所示。各时间点的最高温度统计如表 4-18 所示，其变化趋势如图 4-8 所示。

表 4-17　不同包覆层厚度按摩时的温度和温度梯度统计（背部指压）

项目	温度梯度 （2mm） /℃	温度梯度 （3mm） /℃	温度梯度 （4mm） /℃	温度 （2mm） /℃	温度 （3mm） /℃	温度 （4mm） /℃
最大值	1.2	1.2	1.3	32.9	32.9	33.5
均值	0.532	0.504	0.588	31.610	31.413	31.600
标准差	0.2795	0.2557	0.3073	1.0230	1.0034	1.1674
均值的标准误差	0.0559	0.0511	0.0615	0.1868	0.1832	0.2131

从表 4-17 可以看出，包覆层厚度 2mm、3mm 和 4mm 按摩时产生的最高温度梯度分别是 1.2℃、1.2℃和 1.3℃，包覆层厚度 2mm、3mm 和 4mm 按

摩时产生的最高温度分别是 32.9℃、32.9℃ 和 33.5℃，所以最高温度梯度和最高温度都出现在包覆层厚度 4mm 的按摩过程中。

表 4-18   不同包覆层厚度按摩时的最高温度统计（背部指压）

测量时间	温度（2mm）/℃	温度（3mm）/℃	温度（4mm）/℃
第 0 分钟	30.3	30.1	30.2
第 2 分钟	31.3	31.3	31.5
第 4 分钟	32.0	32.0	32.3
第 6 分钟	32.6	32.4	33.0
第 8 分钟	32.8	32.7	33.3
第 10 分钟	32.9	32.9	33.5

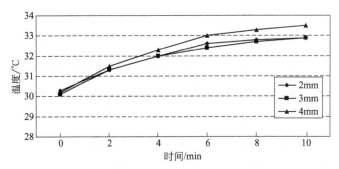

图 4-8   不同包覆层厚度按摩时的最高温度变化趋势（背部指压）

由表 4-18 和图 4-8 可以看出，按摩器包覆层厚度 4mm 按摩时产生的各时间点的最高温度比其他厚度都高一些。因此，从最高温度梯度和最高温度的角度来看，按摩器包覆层厚度 4mm 的背部指压按摩工效相对优一些。

因此，综合酸胀度主观评价试验以及最高温度和最高温度梯度等两方面的分析结果，认为在按摩器包覆层厚度 2mm、3mm 和 4mm 3 水平下，按摩器包覆层厚度 4mm 按摩时产生的背部指压按摩工效较优，且各水平之间的差异性显著。

4.1.3   分析与讨论

按摩椅指压按摩时，腰部优化的界面特征：

① 按摩头形状   圆柱Ⅲ形按摩头按摩产生的腰部按摩工效最优，4 种按摩头形状之间产生的按摩工效差异性不显著。

② 按摩头大小　椭圆形中按摩头按摩产生的腰部按摩工效最优，3 种按摩头大小之间产生的按摩工效差异性显著，但是各时间点的最高温度比较接近。

③ 按摩器包覆层厚度　3mm 按摩器包覆层厚度按摩产生的腰部按摩工效最优，3 种按摩器包覆层厚度之间产生的按摩工效差异性显著。

④ 按摩界面特征各影响因素的主次顺序为：按摩头大小＞按摩器包覆层厚度＞按摩头形状。

按摩椅指压按摩时，背部优化的界面特征：

① 按摩头形状　圆柱Ⅲ形按摩头按摩产生的背部按摩工效最优，4 种按摩头形状之间产生的按摩工效差异性不显著。

② 按摩头大小　椭圆形中按摩头按摩产生的背部按摩工效最优，3 种按摩头大小之间产生的按摩工效差异性显著。

③ 按摩器包覆层厚度　4mm 按摩器包覆层厚度的背部按摩工效相对较优，3 种按摩器包覆层厚度之间产生的按摩工效差异性显著。

④ 按摩界面特征各影响因素的主次顺序为：按摩器包覆层厚度＞按摩头大小＞按摩头形状。

根据以上研究结果，作以下分析讨论：

① 按摩头大小和包覆层厚度分别是腰部和背部指压按摩工效的最主要影响因素　按摩椅指压按摩时，按摩力量的大小与按摩头大小、按摩器包覆层的厚度密切相关。在腰部按摩时，按摩头大小直接影响按摩头形态与按摩部位的有效接触面积，进而影响力量的大小，最终影响腰部指压按摩效果。在背部指压按摩时，由于脂肪层相对较薄，按摩器包覆层厚度对背部按摩力量的影响更敏感，最终影响背部指压按摩效果。

② 按摩界面特征各因素影响腰部和背部揉捏按摩工效的主次顺序完全不同　由于按摩椅指压按摩本身的特点、腰部和背部在肌肉组织和血流等方面生理结构的不同，按摩界面特征各因素对腰部和背部指压按摩工效的影响程度不是完全相同的。因此，在指压按摩工效优化时，腰部和背部的指压界面特征需独立设计。

③ 腰部与背部优化的指压按摩界面特征的比较分析　通过对比发现，腰部和背部按摩工效最优的按摩头形状是相同的，圆柱Ⅲ形按摩头在指压按摩时，更加接近人工按摩的状态，而按摩头大小为椭圆形中指压按摩时，有效接触面积可能更有利于指压按摩效果的发挥，所以按摩效果就好；指压按摩

工效最优时，腰部的包覆层厚度比背部薄 1mm，腰部按摩部位的脂肪层厚度比背部厚，按摩器包覆层厚度薄一点，相应提升了腰部按摩工效。

综上所述，本节从按摩头形状、按摩头大小和按摩器包覆层厚度等按摩界面特征因素角度详细研究了腰背部指压按摩工效，优化了按摩界面特征，确定了按摩界面特征各因素的主次顺序，以及揭示了其基本规律。在相关研究文献中，Long 定性研究了指压按摩工效。结果表明，指压按摩可产生好的效果，60%的用户认为产生了指压按摩疗效，77%～80%的用户认为改变了生活习惯。按摩椅指压按摩界面特征优化后，可产生更好的腰背部指压按摩工效。

4.2　按摩参数对指压按摩工效的影响

根据按摩椅企业的相关建议、预试验结果和现有试验条件，指压 I 型的按摩参数选择按摩转速、靠背倾角和按摩时长等因素。其中，根据预试验结果和参考指压按摩器按摩转速的设置要求，按摩转速设置了 100r/min、120r/min、140r/min 3 水平；根据预试验结果和参考按摩椅企业按摩效果调试的经验，靠背倾角设置了 100°、120°、140° 3 水平；根据预试验结果，按摩时长设置了 5min、10min、15min 3 水平，具体如表 4-19 所示。

表 4-19　指压按摩 I 型时参数的 3 水平

按摩参数	水平		
	1	2	3
按摩转速/（r/min）	100	120	140
靠背倾角/（°）	100	120	140
按摩时长/min	5	10	15

根据按摩椅企业的相关建议，参考人工按摩原理、预试验结果和现有试验条件，指压 II 型的按摩参数选择指压速度、指压深度和按摩时长等因素。根据预试验结果和参考人工指压按摩原理，指压速度设置了 2 次/min、3 次/min、4 次/min 3 水平；指压深度设计了 3mm、5mm、8mm 3 水平；根据按摩椅企业的建议和预试验结果，按摩时长设置了 5min、10min、15min 3 水平，具体如表 4-20 所示。

表 4-20　指压按摩 Ⅱ 型时参数的 3 水平

按摩参数	水平		
	1	2	3
指压速度/（次/min）	2	3	4
指压深度/mm	3	5	8
按摩时长/min	5	10	15

指压 Ⅰ 型按摩参数包括按摩转速、靠背倾角和按摩时长 3 个因素，这 3 个因素均是 3 水平，具体如表 4-19 所示；指压 Ⅱ 型的参数包括指压速度、指压深度和按摩时长 3 个因素，这 3 个因素均是 3 水平，具体如表 4-20 所示。正交试验时，选择 4 因素 3 水平的正交表 $L_9(3^4)$，指压 Ⅰ 型正交表如表 4-21 所示，指压 Ⅱ 型参数各因素水平代替指压 Ⅰ 型的即得到指压 Ⅱ 型的正交试验表。

表 4-21　按摩参数的正交试验设计

试验号	A（转速）	B（倾角）	C（时长）	空列（因素 4）	酸胀度
1	1（100r/min）	1（100°）	1（5min）	1	
2	1	2（120°）	2（10min）	2	
3	1	3（140°）	3（15min）	3	
4	2（120r/min）	1	2	3	
5	2	2	3	1	
6	2	3	1	2	
7	3（140r/min）	1	3	2	
8	3	2	1	3	
9	3	3	2	1	

4.2.1　指压 Ⅰ 型按摩参数对腰部按摩工效的影响

4.2.1.1　按摩工效的主观评价

先运用 Excel 软件，对酸胀度主观评价试验所采集的数据进行分析整理；然后运用 SPSS 软件进行统计分析，腰部按摩工效的方差分析结果如表 4-22 所示，按摩参数各因素的单因素统计分析结果如表 4-23 所示。

表 4-22 腰部指压按摩工效的方差分析（按摩参数）

源	Ⅲ型平方和	df	均方	F	Sig.
校正模型	0.147[①]	6	0.024	27.222	0.036
截距	1.232	1	1.232	1369.000	0.001
A（转速）	0.043	2	0.021	23.815	0.040
B（倾角）	0.053	2	0.026	29.370	0.033
C（时长）	0.051	2	0.026	28.481	0.034
误差	0.002	2	0.001		
总计	1.381	9			
校正的总计	0.149	8			

① $R^2 = 0.988$（调整 $R^2 = 0.952$）。

由表 4-22 中的 F 检验可知，按摩转速、靠背倾角和按摩时长的显著水平 Sig. 分别为 0.040、0.033 和 0.034，均小于 0.05，所以认为按摩转速、靠背倾角和按摩时长等三个因素差异性都显著，也就是按摩转速、靠背倾角和按摩时长对指压式腰部按摩工效（酸胀度）产生了显著影响；影响因素的主次顺序为：靠背倾角＞按摩时长＞按摩转速。

表 4-23 腰部指压按摩工效的单因素分析（按摩参数）

项目	均值	标准误差	95％置信区间	
			下限	上限
A_1（100r/min）	0.310	0.017	0.235	0.385
A_2（120r/min）	0.467	0.017	0.392	0.541
A_3（140r/min）	0.333	0.017	0.259	0.408
B_1（100°）	0.477	0.017	0.402	0.551
B_2（120°）	0.333	0.017	0.259	0.408
B_3（140°）	0.300	0.017	0.225	0.375
C_1（5min）	0.313	0.017	0.239	0.388
C_2（10min）	0.477	0.017	0.402	0.551
C_3（15min）	0.320	0.017	0.245	0.395

由表 4-23 可知，按摩参数的各因素水平对按摩工效影响的大小顺序为：$A_2 > A_3 > A_1$，即按摩转速为 120r/min 按摩时产生的腰部指压按摩工效优于其他两种转速的按摩工效；$B_1 > B_2 > B_3$，即靠背倾角为 100°时产生的腰部指压按摩工效优于其他两种靠背倾角的按摩工效；$C_2 > C_3 > C_1$，即按摩时长为

10min 按摩时的腰部指压按摩工效优于其他两种按摩时长的按摩工效。

综合表 4-22 和表 4-23 的分析结果，指压 I 型的腰部按摩工效优化的按摩界面特征是 $A_2B_1C_2$，即按摩转速为 120r/min、靠背倾角为 100° 和按摩时长为 10min；且按摩转速、靠背倾角和按摩时长对指压式腰部按摩工效都产生了显著影响；按摩参数各因素的主次顺序为：靠背倾角＞按摩时长＞按摩转速。

4.2.1.2 按摩工效的试验评价

（1）不同按摩转速按摩时的最高温度和最高温度梯度 先运用 Excel 软件，对按摩部位皮肤表面温度试验所采集的数据进行分析整理，得到温度和温度梯度；然后运用 SPSS 进行温度梯度和温度的描述性统计分析，并以最高温度梯度和最高温度来判断按摩工效的优劣。温度和温度梯度描述性统计结果如表 4-24 所示。各时间点的最高温度统计如表 4-25 所示，其变化趋势如图 4-9 所示。

表 4-24　不同按摩转速按摩时的温度和温度梯度统计（腰部指压 I 型）

项目	温度梯度（100r/min）/℃	温度梯度（120r/min）/℃	温度梯度（140r/min）/℃	温度（100r/min）/℃	温度（120r/min）/℃	温度（140r/min）/℃
最大值	1.1	1.4	1.2	33.0	33.3	33.0
均值	0.488	0.516	0.468	31.270	31.637	31.533
标准差	0.2743	0.3275	0.2734	1.0222	0.9828	0.8640
均值标准误差	0.0549	0.0655	0.0547	0.1866	0.1794	0.1577

从表 4-24 可以看出，按摩转速为 100r/min、120r/min 和 140r/min 按摩时所产生的最高温度梯度分别为 1.1℃、1.4℃ 和 1.2℃，按摩转速为 100r/min、120r/min 和 140r/min 按摩时所产生的最高温度分别为 33.0℃、33.3℃ 和 33.0℃，所以最高温度梯度和最高温度都出现在按摩转速 120r/min 的按摩过程中。

表 4-25　不同按摩转速按摩时的最高温度统计（腰部指压 I 型）

测量时间	温度（100r/min）/℃	温度（120r/min）/℃	温度（140r/min）/℃
第 0 分钟	30.3	30.4	30.2
第 2 分钟	31.2	31.8	31.2
第 4 分钟	31.7	32.4	31.8
第 6 分钟	32.4	32.7	32.4

测量时间	温度（100r/min）/℃	温度（120r/min）/℃	温度（140r/min）/℃
第 8 分钟	32.8	33.1	32.8
第 10 分钟	33.0	33.3	33.0

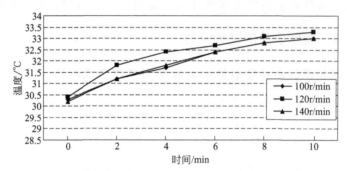

图 4-9　不同按摩转速按摩时的最高温度变化趋势（腰部指压Ⅰ型）

从表 4-25 和图 4-9 中可以看出，按摩转速 120r/min 按摩时各时间点的最高温度比其他按摩转速都要高一些。因此，从最高温度梯度和最高温度的角度来看，按摩转速 120r/min 按摩时按摩工效较优。

因此，综合酸胀度主观评价试验以及最高温度和最高温度梯度等两方面的分析结果，认为在按摩转速 100r/min、120r/min 和 140r/min 3 水平下，按摩转速 120r/min 按摩时的腰部按摩工效最优，且各水平之间的差异性显著。

（2）不同靠背倾角按摩时的最高温度和最高温度梯度　先运用 Excel 软件，分析整理皮肤表面温度试验数据，得到温度和温度梯度；然后运用 SPSS 进行温度梯度和温度的描述性统计分析，并以最高温度梯度和最高温度来判断按摩工效的优劣。温度和温度梯度描述性统计结果如表 4-26 所示。各时间点的最高温度统计如表 4-27 所示，其变化趋势如图 4-10 所示。

表 4-26　不同靠背倾角按摩时的温度和温度梯度统计（腰部指压Ⅰ型）

项目	温度梯度（100°）/℃	温度梯度（120°）/℃	温度梯度（140°）/℃	温度（100°）/℃	温度（120°）/℃	温度（140°）/℃
最大值	1.3	1.1	1.0	33.3	33.1	32.7
均值	0.560	0.492	0.468	31.597	31.483	31.650
标准差	0.3096	0.2929	0.2594	1.1072	0.9162	0.9062
均值的标准误差	0.0619	0.0586	0.0519	0.2021	0.1673	0.1654

从表 4-26 可以看出，靠背倾角为 100°、120° 和 140° 按摩时所产生的最高温度梯度分别是 1.3℃、1.1℃ 和 1.0℃，靠背倾角为 100°、120° 和 140° 按摩所产生的最高温度分别是 33.3℃、33.1℃ 和 32.7℃，最高温度梯度和最高温度都出现在靠背倾角为 100° 的按摩过程中。

表 4-27   不同靠背倾角按摩时的最高温度统计（腰部指压Ⅰ型）

测量时间	温度（100°）/℃	温度（120°）/℃	温度（140°）/℃
第 0 分钟	30.2	30.4	30.2
第 2 分钟	31.5	31.4	31.1
第 4 分钟	32.3	32.2	31.7
第 6 分钟	32.8	32.7	32.2
第 8 分钟	33.2	33.0	32.5
第 10 分钟	33.3	33.1	32.7

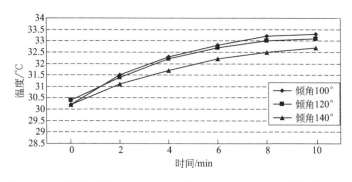

图 4-10   不同靠背倾角按摩时的最高温度变化趋势（腰部指压Ⅰ型）

从表 4-27 和图 4-10 可以看出，靠背倾角为 100° 按摩时产生的各时间点的最高温度比其他靠背倾角都要高一些，但是与靠背倾角为 140° 比较接近。因此，从最高温度梯度和最高温度的角度来看，靠背倾角为 100° 按摩所产生的腰部指压按摩工效较优。

因此，综合酸胀度主观评价试验以及最高温度和最高温度梯度等两方面的分析结果，认为在靠背倾角 100°、120° 和 140° 3 水平下，靠背倾角为 100° 按摩时所产生的腰部指压按摩工效最优，且各水平之间的差异性显著。

4.2.2　指压 I 型按摩参数对背部按摩工效的影响

4.2.2.1　按摩工效的主观评价

先运用 Excel 软件，对酸胀度主观评价试验所采集的数据进行分析整理；然后运用 SPSS 软件进行分析处理，背部按摩工效的方差分析结果如表 4-28 所示，按摩参数各因素的单因素统计分析结果如表 4-29 所示。

表 4-28　背部指压按摩工效的方差分析（按摩参数）

源	Ⅲ型平方和	df	均方	F	Sig.
校正模型	0.155[①]	6	0.026	21.358	0.045
截距	1.203	1	1.203	993.037	0.001
A（转速）	0.043	2	0.021	17.651	0.054
B（倾角）	0.057	2	0.028	23.376	0.041
C（时长）	0.056	2	0.028	23.046	0.042
误差	0.002	2	0.001		
总计	1.360	9			
校正的总计	0.158	8			

① $R^2 = 0.985$（调整 $R^2 = 0.939$）。

由表 4-28 中的 F 检验可知，按摩转速、靠背倾角和按摩时长的显著水平 Sig. 分别为 0.054、0.041 和 0.042，靠背倾角和按摩时长的显著水平 Sig. 均小于 0.05，所以认为靠背倾角和按摩时长等两个因素差异性都显著，也就是说靠背倾角和按摩时长等按摩参数因素对指压式背部按摩工效（酸胀度）产生了显著影响；按摩参数各影响因素的主次顺序为：靠背倾角＞按摩时长＞按摩转速。

表 4-29　背部指压按摩工效的单因素分析（按摩参数）

项目	均值	标准误差	95%置信区间	
			下限	上限
A_1（100r/min）	0.457	0.020	0.370	0.543
A_2（120r/min）	0.350	0.020	0.264	0.436
A_3（140r/min）	0.290	0.020	0.204	0.376
B_1（100°）	0.297	0.020	0.210	0.383

项目	均值	标准误差	95％置信区间	
			下限	上限
B_2 (120°)	0.477	0.020	0.390	0.563
B_3 (140°)	0.323	0.020	0.237	0.410
C_1 (5min)	0.317	0.020	0.230	0.403
C_2 (10min)	0.477	0.020	0.390	0.563
C_3 (15min)	0.303	0.020	0.217	0.390

由表 4-29 可知，按摩参数的各因素水平对按摩工效影响的大小顺序为：$A_1 > A_2 > A_3$，即按摩转速为 100r/min 按摩时所产生的背部指压按摩工效优于其他两种转速；$B_2 > B_3 > B_1$，即靠背倾角为 120° 按摩时所产生的背部指压按摩工效优于其他两种靠背倾角；$C_2 > C_1 > C_3$，即按摩时长为 10min 按摩时所产生的背部指压按摩工效优于其他两种按摩时长。

综合表 4-28 和表 4-29 的分析结果，背部指压按摩工效的优化按摩参数是 $A_1 B_2 C_2$，即按摩转速为 100r/min、靠背倾角为 120° 和按摩时长为 10min；且靠背倾角和按摩时长都对指压式背部按摩工效产生了显著影响；按摩参数各影响因素的主次顺序为：靠背倾角＞按摩时长＞按摩转速。

4.2.2.2 按摩工效的试验评价

（1）不同按摩转速按摩时的最高温度和最高温度梯度 先运用 Excel 软件，对按摩部位皮肤表面温度试验所采集的数据进行分析整理，得到温度和温度梯度；然后运用 SPSS 进行温度梯度和温度的描述性统计分析，并以最高温度梯度和最高温度来判断按摩工效的优劣。温度和温度梯度描述性统计结果如表 4-30 所示。各时间点的最高温度统计如表 4-31 所示，其变化趋势如图 4-11 所示。

表 4-30 不同按摩转速按摩时的温度和温度梯度统计（背部指压 I 型）

项目	温度梯度 （100r/min） /℃	温度梯度 （120r/min） /℃	温度梯度 （140r/min） /℃	温度 （100r/min） /℃	温度 （120r/min） /℃	温度 （140r/min） /℃
最大值	1.5	1.0	0.9	32.9	32.5	32.4
均值	0.616	0.480	0.432	31.283	31.083	31.033
标准差	0.3727	0.2517	0.2410	1.1489	0.9798	0.9091

项目	温度梯度 （100r/min） /℃	温度梯度 （120r/min） /℃	温度梯度 （140r/min） /℃	温度 （100r/min） /℃	温度 （120r/min） /℃	温度 （140r/min） /℃
均值标准误差	0.0745	0.0503	0.0482	0.2098	0.1789	0.1660

从表 4-30 可以看出，按摩转速为 100r/min、120r/min 和 140r/min 按摩时所产生的最高温度梯度分别为 1.5℃、1.0℃和 0.9℃，按摩转速为 100r/min、120r/min 和 140r/min 按摩时所产生的最高温度分别为 32.9℃、32.5℃和32.4℃，所以最高温度梯度和最高温度都出现在按摩转速 100r/min 的按摩过程中。

表 4-31 不同按摩转速按摩时的最高温度统计（背部指压Ⅰ型）

测量时间	温度（100r/min）/℃	温度（120r/min）/℃	温度（140r/min）/℃
第 0 分钟	30.0	30.1	30.1
第 2 分钟	30.9	30.9	30.8
第 4 分钟	31.7	31.6	31.6
第 6 分钟	32.3	32.1	32.1
第 8 分钟	32.7	32.3	32.3
第 10 分钟	32.9	32.5	32.4

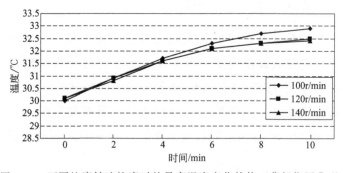

图 4-11 不同按摩转速按摩时的最高温度变化趋势（背部指压Ⅰ型）

从表 4-30 和图 4-11 可以看出，按摩转速 100r/min 按摩时各时间点的最高温度比其他按摩转速都要高一些，但是三个按摩转速在按摩前半段的各时间点的最高温度比较接近。因此，从最高温度梯度和最高温度的角度来看，按摩转速 100r/min 按摩时所产生的按摩工效相对优一些。

因此，综合酸胀度主观评价试验以及最高温度和最高温度梯度等两方面的分析结果，认为在按摩转速 100r/min、120r/min 和 140r/min 等 3 水平下，按摩转速 100r/min 所产生的背部指压按摩工效最优，但是各水平之间的差异性不显著。

（2）不同靠背倾角按摩时的最高温度和最高温度梯度　先运用 Excel 软件，对按摩部位皮肤表面温度试验所采集的数据进行分析整理，得到温度和温度梯度；然后运用 SPSS 进行温度梯度和温度的描述性统计分析，并以最高温度梯度和最高温度来判断按摩工效的优劣。温度和温度梯度描述性统计结果如表 4-32 所示。各时间点的最高温度统计如表 4-33 所示，并将其变化趋势绘制成图，如图 4-12 所示。

表 4-32　不同靠背倾角按摩时的温度和温度梯度统计（背部指压 I 型）

项目	温度梯度 （100°） /℃	温度梯度 （120°） /℃	温度梯度 （140°） /℃	温度 （100°） /℃	温度 （120°） /℃	温度 （140°） /℃
最大值	1.1	1.6	1.2	32.1	32.6	32.5
均值	0.512	0.536	0.460	31.153	31.217	30.970
标准差	0.2963	0.3340	0.2630	0.9867	1.0256	0.8547
均值的标准误差	0.0593	0.0668	0.0526	0.1801	0.1872	0.1560

从表 4-32 可以看出，靠背倾角为 100°、120° 和 140° 按摩时所产生的最高温度梯度分别是 1.1℃、1.6℃ 和 1.2℃，最高温度分别是 32.1℃、32.6℃ 和 32.5℃，所以最高温度梯度和最高温度都出现在靠背倾角为 120° 按摩时的按摩过程中。

表 4-33　不同靠背倾角按摩时的最高温度统计（背部指压 I 型）

测量时间	温度（100°）/℃	温度（120°）/℃	温度（140°）/℃
第 0 分钟	30.1	30.1	30.0
第 2 分钟	30.7	30.9	30.6
第 4 分钟	31.4	31.6	31.5
第 6 分钟	31.7	32.2	32.0
第 8 分钟	31.9	32.4	32.3
第 10 分钟	32.1	32.6	32.5

从表 4-33 和图 4-12 可以看出，靠背倾角为 120° 按摩时各时间点的最高温度比其他靠背倾角都要高一些。因此，从最高温度梯度和最高温度来看，靠背倾角为 120° 按摩时背部指压按摩工效相对优一些。

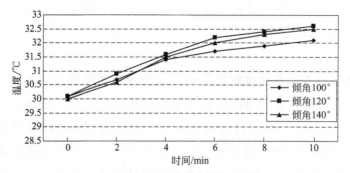

图 4-12　不同靠背倾角按摩时的最高温度变化趋势（背部指压Ⅰ型）

因此，综合酸胀度主观评价以及最高温度和最高温度梯度等两方面的分析结果，认为在靠背倾角 100°、120° 和 140° 3 水平下，靠背倾角为 120° 按摩时的背部指压按摩工效最优，且各水平之间的差异性显著。

4.2.3　指压Ⅱ型按摩参数对腰部按摩工效的影响

4.2.3.1　按摩工效的主观评价

先运用 Excel 软件，对酸胀度主观评价试验所采集的数据进行分析整理；然后运用 SPSS 软件进行统计分析，腰部按摩工效的方差分析结果如表 4-34 所示，不同按摩参数的单因素统计分析结果如表 4-35 所示。

表 4-34　腰部指压按摩工效的方差分析（按摩参数）

源	Ⅲ型平方和	df	均方	F	Sig.
校正模型	0.030①	6	0.005	12.667	0.075
截距	1.082	1	1.082	2704.000	0
A（速度）	0.010	2	0.005	12.333	0.075
B（深度）	0.016	2	0.008	20.583	0.046
C（时长）	0.004	2	0.002	5.083	0.164
误差	0.001	2	0		
总计	1.113	9			
校正的总计	0.031	8			

① $R^2 = 0.974$（调整 $R^2 = 0.897$）。

由表 4-34 中的 F 检验可知，指压速度、指压深度和按摩时长的显著水平 Sig. 分别为 0.075、0.046 和 0.164，只有指压深度的显著水平 Sig. 小于 0.05，所以认为指压深度因素的差异性显著，也就是说指压深度对指压式腰部按摩工效（酸胀度）产生了显著影响；按摩参数各影响因素的主次顺序为：指压深度＞指压速度＞按摩时长。

表 4-35　腰部指压按摩工效的单因素分析（按摩参数）

项目	均值	标准误差	95％置信区间	
			下限	上限
A_1（2 次/min）	0.327	0.012	0.277	0.376
A_2（3 次/min）	0.393	0.012	0.344	0.443
A_3（4 次/min）	0.320	0.012	0.270	0.370
B_1（3mm）	0.310	0.012	0.260	0.360
B_2（5mm）	0.407	0.012	0.357	0.456
B_3（8mm）	0.323	0.012	0.274	0.373
C_1（5min）	0.333	0.012	0.284	0.383
C_2（10min）	0.377	0.012	0.327	0.426
C_3（15min）	0.330	0.012	0.280	0.380

由表 4-35 可知，按摩参数各因素水平对按摩工效影响的大小顺序为：$A_2＞A_1＞A_3$，即指压速度为 3 次/min 按摩时所产生的腰部指压按摩工效优于其他两种指压速度的按摩工效；$B_2＞B_3＞B_1$，即指压深度为 5mm 按摩时所产生的腰部指压按摩工效优于其他两种指压深度的按摩工效；$C_2＞C_1＞C_3$，即按摩时长为 10min 按摩时所产生的腰部揉捏按摩工效优于其他两种按摩时长的按摩工效。

综合表 4-34 和表 4-35 的分析结果，腰部指压按摩工效优化的按摩参数是 $A_2B_2C_2$，即指压速度为 3 次/min、指压深度为 5mm 和按摩时长为 10min；且指压深度对指压式腰部按摩工效产生了显著影响；按摩参数各影响因素的主次顺序为：指压深度＞指压速度＞按摩时长。

4.2.3.2　按摩工效的试验评价

（1）不同指压速度按摩时的最高温度和最高温度梯度　先运用 Excel 软件，对按摩部位皮肤表面温度试验所采集的数据进行分析整理，得到温度和温度梯度；然后运用 SPSS 进行温度梯度和温度的描述性统计分析，并以最高温度梯度和最高温度来判断按摩工效的优劣。温度和温度梯度描述性统计结果如表 4-36 所示。各时间点的最高温度统计如表 4-37 所示，其变化趋势如图 4-13 所示。

表 4-36 不同指压速度按摩时的温度和温度梯度统计（腰部指压Ⅱ型）

项目	温度梯度（2 次/min）/℃	温度梯度（3 次/min）/℃	温度梯度（4 次/min）/℃	温度（2 次/min）/℃	温度（3 次/min）/℃	温度（4 次/min）/℃
最大值	1.2	1.6	1.1	33.1	33.7	33.0
均值	0.540	0.600	0.480	31.353	31.800	31.570
标准差	0.2500	0.3109	0.2517	1.0957	1.1298	0.8809
均值标准误差	0.0500	0.0622	0.0503	0.2000	0.2063	0.1608

从表 4-36 可以看出，指压速度为 2 次/min、3 次/min 和 4 次/min 按摩时所产生的最高温度梯度分别为 1.2℃、1.6℃和 1.1℃，指压速度为 2 次/min、3 次/min 和 4 次/min 按摩时所产生的最高温度分别为 33.1℃、33.7℃和 33.0℃，所以最高温度梯度和最高温度都出现在指压速度 3 次/min 按摩时的按摩过程中。

表 4-37 不同指压速度按摩时的最高温度统计（腰部指压Ⅱ型）

测量时间	温度（2 次/min）/℃	温度（3 次/min）/℃	温度（4 次/min）/℃
第 0 分钟	30.3	30.3	30.3
第 2 分钟	31.4	31.8	31.3
第 4 分钟	31.8	32.5	31.8
第 6 分钟	32.5	33.0	32.3
第 8 分钟	32.9	33.4	32.7
第 10 分钟	33.1	33.7	33.0

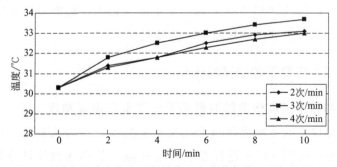

图 4-13　不同指压速度按摩时的最高温度变化趋势（腰部指压Ⅱ型）

从表 4-37 和图 4-13 可以看出，指压速度 3 次/min 按摩时各时间点的最高温度比其他指压速度都要高一些。因此，从最高温度梯度和最高温度的角度来看，指压速度 3 次/min 按摩时按摩工效相对优一些。

因此，综合酸胀度主观评价试验以及最高温度和最高温度梯度等两方面的分析结果，认为在指压速度 2 次/min、3 次/min 和 4 次/min 3 水平下，指压速度 3 次/min 按摩时所产生的腰部按摩工效最优，但是各水平之间的差异性不显著。

（2）不同指压深度按摩时的最高温度和最高温度梯度 先运用 Excel 软件，对按摩部位皮肤表面温度试验所采集的数据进行分析整理，得到温度和温度梯度；然后运用 SPSS 进行温度梯度和温度的描述性统计分析，并以最高温度梯度和最高温度来判断较优的按摩工效。温度和温度梯度描述性统计结果如表 4-38 所示。各时间点的最高温度统计如表 4-39 所示，其变化趋势如图 4-14 所示。

表 4-38　不同指压深度按摩时的温度和温度梯度统计（腰部指压Ⅱ型）

项目	温度梯度（3mm）/℃	温度梯度（5mm）/℃	温度梯度（8mm）/℃	温度（3mm）/℃	温度（5mm）/℃	温度（8mm）/℃
最大值	1.0	1.4	1.0	32.5	33.6	32.8
均值	0.456	0.584	0.396	31.390	32.043	31.640
标准差	0.2256	0.3105	0.2700	0.8450	1.1218	0.7596
均值的标准误差	0.0451	0.0621	0.0540	0.1543	0.2048	0.1387

从表 4-38 可以看出，指压深度为 3mm、5mm 和 8mm 按摩时所产生的最高温度梯度分别为 1.0℃、1.4℃和 1.0℃，指压深度为 3mm、5mm 和 8mm 按摩时所产生的最高温度分别为 32.5℃、33.6℃和 32.8℃，所以最高温度梯度和最高温度都出现在指压深度 5mm 的按摩过程中。

表 4-39　不同指压深度按摩时的最高温度统计（腰部指压Ⅱ型）

测量时间	温度（3mm）/℃	温度（5mm）/℃	温度（8mm）/℃
第 0 分钟	30.3	31.0	30.6
第 2 分钟	31.1	31.9	31.6
第 4 分钟	31.6	32.7	32.2
第 6 分钟	32.0	33.2	32.5
第 8 分钟	32.4	33.5	32.7
第 10 分钟	32.5	33.6	32.8

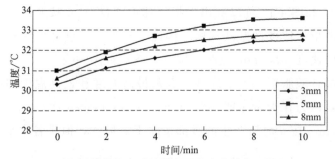

图 4-14　不同指压深度按摩时的最高温度变化趋势（腰部指压Ⅱ型）

从表 4-39 和图 4-14 可以看出，指压深度 5mm 按摩时各时间点的最高温度比其他指压深度都要高一些。因此，从最高温度梯度和最高温度的角度来看，指压深度 5mm 按摩所产生的按摩工效相对大一些。

因此，综合酸胀度主观评价试验以及最高温度和最高温度梯度等两方面的分析结果，认为在指压深度 3mm、5mm 和 8mm 3 水平下，指压深度 5mm 按摩时腰部指压按摩工效最优，且各水平之间的差异性显著。

4.2.4　指压Ⅱ型按摩参数对背部按摩工效的影响

4.2.4.1　按摩工效的主观评价

先运用 Excel 软件，对酸胀度主观评价试验所采集的数据进行分析整理；然后运用 SPSS 软件进行统计分析，背部按摩工效的方差分析结果如表 4-40 所示，不同按摩参数的单因素统计分析结果如表 4-41 所示。

表 4-40　背部指压按摩工效的方差分析（按摩参数）

源	Ⅲ型平方和	df	均方	F	Sig.
校正模型	0.063[①]	6	0.010	12.355	0.077
截距	1.361	1	1.361	1611.842	0.001
A（速度）	0.020	2	0.010	11.697	0.079
B（深度）	0.035	2	0.018	21.013	0.045
C（时长）	0.007	2	0.004	4.355	0.187
误差	0.002	2	0.001		
总计	1.425	9			
校正的总计	0.064	8			

① $R^2 = 0.974$（调整 $R^2 = 0.895$）。

由表 4-40 中的 F 检验可知，指压速度、指压深度和按摩时长的显著水平 Sig. 分别为 0.079、0.045 和 0.187，指压深度的显著水平 Sig. 小于 0.05，所以认为指压深度因素的差异性显著，也就是说指压深度对指压式背部按摩工效（酸胀度）产生了显著影响；按摩参数各影响因素的主次顺序为：指压深度＞指压速度＞按摩时长。

表 4-41　部指压按摩工效的单因素分析（按摩参数）

项目	均值	标准误差	95％置信区间	
			下限	上限
A_1（2 次/min）	0.370	0.017	0.298	0.442
A_2（3 次/min）	0.453	0.017	0.381	0.526
A_3（4 次/min）	0.343	0.017	0.271	0.416
B_1（3mm）	0.357	0.017	0.284	0.429
B_2（5mm）	0.477	0.017	0.404	0.549
B_3（8mm）	0.333	0.017	0.261	0.406
C_1（5min）	0.353	0.017	0.281	0.426
C_2（10min）	0.423	0.017	0.351	0.496
C_3（15min）	0.390	0.017	0.318	0.462

由表 4-41 可知，按摩参数的各因素水平对按摩工效影响的大小顺序为：$A_2＞A_1＞A_3$，即指压速度为 3 次/min 按摩时所产生的背部指压按摩工效优于其他两种指压速度的按摩工效；$B_2＞B_1＞B_3$，即指压深度为 5mm 按摩时所产生的背部指压按摩工效优于其他两种指压深度的按摩工效；$C_2＞C_3＞C_1$，即按摩时长为 10min 按摩时所产生的背部指压按摩工效优于其他两种按摩时长的按摩工效。

综合表 4-40 和表 4-41 的分析结果，背部指压按摩工效的优化按摩参数是 $A_2B_2C_2$，即指压速度为 3 次/min、指压深度为 5mm 和按摩时长为 10min；且指压深度对背部指压按摩工效产生了显著影响；按摩参数各因素的主次顺序为：指压深度＞指压速度＞按摩时长。

4.2.4.2　按摩工效的试验评价

（1）不同指压速度按摩时的最高温度和最高温度梯度　先运用 Excel 软件，对按摩部位皮肤表面温度试验所采集的数据进行分析整理，得到温度和温度梯度；然后运用 SPSS 进行温度梯度和温度的描述性统计分析，并以最高温度梯度和最高温度来判断按摩工效的优劣。温度和温度梯度描述性统计结果如表 4-42 所示。各时间点的最高温度统计如表 4-43 所示，其变化趋势如图 4-15 所示。

表 4-42　不同指压速度按摩时的温度和温度梯度统计（背部指压Ⅱ型）

项目	温度梯度 （2 次/min） /℃	温度梯度 （3 次/min） /℃	温度梯度 （4 次/min） /℃	温度 （2 次/min） /℃	温度 （3 次/min） /℃	温度 （4 次/min） /℃
最大值	1.4	1.1	1.0	33.0	33.2	32.5
均值	0.540	0.536	0.476	31.377	31.300	31.177
标准差	0.3069	0.2596	0.2697	1.0605	1.1089	0.9198
均值标准误差	0.0614	0.0519	0.0539	0.1936	0.2025	0.1679

从表 4-42 可以看出，指压速度为 2 次/min、3 次/min 和 4 次/min 按摩时所产生的最高温度梯度分别为 1.4℃、1.1℃ 和 1.0℃，指压速度为 2 次/min、3 次/min 和 4 次/min 按摩时所产生的最高温度分别为 33.0℃、33.2℃ 和 32.5℃，所以最高温度出现在指压速度 3 次/min 按摩时的按摩过程中，而最高温度梯度则是在指压速度 2 次/min 按摩时的按摩过程中。

表 4-43　不同指压速度按摩时的最高温度统计（背部指压Ⅱ型）

测量时间	温度（2 次/min）/℃	温度（3 次/min）/℃	温度（4 次/min）/℃
第 0 分钟	30.3	30.3	30.1
第 2 分钟	31.3	31.1	31.0
第 4 分钟	31.7	31.7	31.6
第 6 分钟	32.2	32.3	32.1
第 8 分钟	32.7	33.0	32.4
第 10 分钟	33.0	33.2	32.5

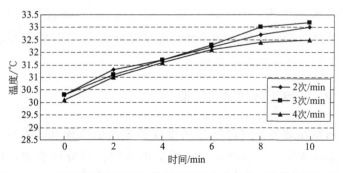

图 4-15　不同指压速度按摩时的最高温度变化趋势（背部指压Ⅱ型）

从表 4-43 和图 4-15 可以看出，总体上三个指压速度的最高温度比较接近，指压速度 3 次/min 按摩的后半程各时间点的最高温度比其他指压速度都要高一些，前半程各时间点的最高温度处于中间位置。因此，从最高温度梯度和最高温度的角度来看，指压速度 3 次/min 按摩时的按摩工效相对优一些，但是比较接近。

因此，综合酸胀度主观评价试验以及最高温度和最高温度梯度等两方面的分析结果，认为在指压速度 2 次/min、3 次/min 和 4 次/min 3 水平下，指压速度 3 次/min 按摩时的背部指压按摩工效最优，但是从各时间点的最高温度来看，三个指压速度的最高温度变化趋势比较接近，各水平之间的差异性不显著。

（2）不同指压深度按摩时的最高温度和最高温度梯度　先运用 Excel 软件，对按摩部位皮肤表面温度试验所采集的数据进行分析整理，得到温度和温度梯度；然后运用 SPSS 进行温度梯度和温度的描述性统计分析，并以最高温度梯度和最高温度来判断按摩工效的优劣。温度和温度梯度描述性统计结果如表 4-44 所示。各时间点的最高温度统计如表 4-45 所示，并将其变化趋势绘制成图，如图 4-16 所示。

表 4-44　不同指压深度按摩时的温度和温度梯度统计（背部指压Ⅱ型）

项目	温度梯度（3mm）/℃	温度梯度（5mm）/℃	温度梯度（8mm）/℃	温度（3mm）/℃	温度（5mm）/℃	温度（8mm）/℃
最大值	1.1	1.6	1.0	32.5	33.0	32.4
均值	0.488	0.580	0.460	31.037	31.437	31.167
标准差	0.2279	0.3122	0.2550	0.9503	1.1233	0.8919
均值的标准误差	0.0456	0.0624	0.0510	0.1735	0.2051	0.1628

从表 4-44 可以看出，指压深度为 3mm、5mm 和 8mm 按摩时所产生的最高温度梯度分别为 1.1℃、1.6℃ 和 1.0℃，指压深度为 3mm、5mm 和 8mm 按摩时所产生的最高温度分别为 32.5℃、33.0℃ 和 32.4℃，所以最高温度梯度和最高温度都出现在指压深度 5mm 按摩时的按摩过程中。

表 4-45　不同指压深度按摩时的最高温度统计（背部指压Ⅱ型）

测量时间	温度（3mm）/℃	温度（5mm）/℃	温度（8mm）/℃
第 0 分钟	30.2	30.1	30.2

测量时间	温度 (3mm) /℃	温度 (5mm) /℃	温度 (8mm) /℃
第 2 分钟	30.8	31.4	31.0
第 4 分钟	31.4	32.0	31.6
第 6 分钟	31.9	32.5	32.0
第 8 分钟	32.3	32.8	32.2
第 10 分钟	32.5	33.0	32.4

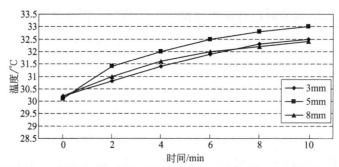

图 4-16　不同指压深度按摩时的最高温度变化趋势（背部指压Ⅱ型）

从表 4-45 和图 4-16 可以看出，指压深度 5mm 按摩时各时间点的最高温度比其他指压深度都要高一些。因此，从最高温度梯度和最高温度的角度来看，指压深度 5mm 按摩时按摩工效相对优一些。

因此，综合酸胀度主观评价试验以及最高温度和最高温度梯度等两方面的分析结果，认为在指压深度 3mm、5mm 和 8mm 3 水平下，指压深度 5mm 按摩时的背部指压按摩工效最优，且各水平之间的差异性显著。

4.2.5　分析与讨论

指压Ⅰ型按摩时，腰部优化的按摩参数：

① 按摩转速　转速为 120r/min 按摩所产生的腰部按摩工效最优，3 种按摩转速之间所产生的按摩工效差异性显著。

② 靠背倾角　倾角为 100°按摩所产生的腰部按摩工效最优，3 种靠背倾角之间所产生的按摩工效差异性显著。

③ 按摩时长　时长为 10min 按摩所产生的腰部按摩工效最优，3 种按摩时长之间所产生的按摩工效差异性显著。

④ 各影响因素的主次顺序为：靠背倾角＞按摩时长＞按摩转速。

指压Ⅰ型按摩时，背部优化的按摩参数：

① 按摩转速　转速为100r/min按摩所产生的背部按摩工效最优，3种按摩转速之间所产生的按摩工效差异性不显著。

② 靠背倾角　倾角为120°按摩所产生的背部按摩工效最优，3种靠背倾角之间所产生的按摩工效差异性显著。

③ 按摩时长　时长为10min按摩所产生的背部按摩工效最优，3种按摩时长之间所产生的按摩工效差异性显著。

④ 各影响因素的主次顺序为：靠背倾角＞按摩时长＞按摩转速。

指压Ⅱ型按摩时，腰部优化的按摩参数：

① 指压速度　速度为3次/min按摩所产生的腰部按摩工效最优，3种指压速度之间所产生的按摩工效差异性不显著。

② 指压深度　深度为5mm按摩所产生的腰部按摩工效最优，3种指压深度之间所产生的按摩工效差异性显著。

③ 按摩时长　时长为10min按摩所产生的腰部按摩工效最优，3种按摩时长之间所产生的按摩工效差异性不显著。

④ 各影响因素的主次顺序为：指压深度＞指压速度＞按摩时长。

指压Ⅱ型按摩时，背部优化的按摩参数：

① 指压速度　速度为3次/min按摩所产生的背部按摩工效最优，3种指压速度之间所产生的按摩工效差异性不显著。

② 指压深度　深度为5mm按摩所产生的背部按摩工效最优，3种指压深度之间所产生的按摩工效差异性显著。

③ 按摩时长　时长为10min按摩所产生的背部按摩工效最优，3种按摩时长之间所产生的按摩工效差异性不显著。

④ 各影响因素的主次顺序为：指压深度＞指压速度＞按摩时长。

根据以上研究结果，作以下分析讨论：

① 靠背倾角是影响指压Ⅰ型腰部和背部按摩工效最主要的按摩参数因素　在指压Ⅰ型按摩时，靠背倾角在腰部和背部按摩参数因素中的重要程度是相同的。靠背倾角的大小，直接影响腰部和背部指压按摩部位的体压分布情况，进而影响按摩力度，最终影响腰背部的指压按摩工效。所以，靠背倾角优化是获得理想的腰背指压按摩工效的有效途径。

② 指压深度是影响指压Ⅱ型腰部和背部按摩工效最主要的按摩参数因素　在指压Ⅱ型按摩时，指压深度在腰部和背部按摩参数因素中的重要程度

是相同的。根据人工按摩原理，指压深度是按摩力量的决定性因素，指压深度直接影响指压按摩效果。因此，指压深度优化是获得理想指压按摩工效的重要途径。

③ 指压按摩参数各因素影响腰部和背部按摩工效的主次顺序是相同的　在腰部和背部指压按摩时，指压Ⅰ型的按摩转速、靠背倾角和按摩时长等按摩参数因素以及指压Ⅱ型的指压速度、指压深度和按摩时长等按摩参数因素对腰部和背部按摩工效影响的主次顺序是一致的，说明指压按摩参数因素优化时，腰部和背部可以同时进行，仅需优化设计各因素的不同水平。

④ 指压Ⅰ型腰部和背部按摩时的按摩参数比较分析　通过对比分析发现，腰部和背部指压按摩产生最优的按摩工效时，按摩时长是相同的；腰部按摩时的靠背倾角比背部按摩的靠背倾角小，腰部按摩时的按摩转速比背部按摩时大。靠背倾角小一些，按摩头与按摩部位的作用力就相应小一些，通过调整按摩转速，按摩工效就相应提高一些。

⑤ 指压Ⅱ型腰部和背部按摩时的按摩参数比较分析　通过对比分析发现，腰部和背部指压按摩产生最优的按摩工效时，指压速度、指压深度、按摩时长都是相同的，说明指压Ⅱ型按摩时腰部和背部的按摩参数设计基本没差别，可能是存在一定误差，后续还可深入研究。

综上所述，本节从按摩转速、指压速度、指压深度、靠背倾角和按摩时长等指压按摩参数角度研究了按摩参数对指压按摩工效的影响，揭示了其基本规律，并优化了指压按摩参数。查阅相关文献，Linda 等对 66 位腰背部疼痛的患者进行指压按摩的研究结果表明，指压按摩产生了较好的按摩效果，按摩两天后疼痛和焦虑均明显下降。因此，通过指压按摩参数优化和规律解析，按摩椅腰背部的指压按摩工效获得明显提升与改善。

4.3　按摩界面和按摩参数交互作用对指压按摩工效的影响

在按摩界面特征和按摩参数的优化研究基础上，结合实际反馈的按摩工效，依据差异性显著和影响因素主次顺序等基本原则，以指压Ⅱ型为例，选取按摩头大小和按摩器包覆层厚度等两个按摩界面特征因素以及指压深度等一个按摩参数因素，选择这 3 个因素的 2 个水平，进行按摩界面和按摩参数交互作用对腰背部指压按摩工效的影响研究，各因素水平具体如表 4-46 所示。

表 4-46 指压按摩时交互作用的水平

按摩参数	水平	
	1	2
指压深度/mm	3	5
按摩头大小	椭圆形中	圆柱形小
包覆层厚度/mm	2	4

指压深度、按摩头大小、包覆层厚度以及交互作用正交试验设计时，选择正交表 $L_8(2^7)$，具体的正交表如表 4-47 所示。

表 4-47 交互作用的正交试验设计

试验号	A（深度）	B（大小）	A * B	C（厚度）	A * C	B * C	空列	酸胀度（腰/背）	
1	1	1	1	1	1	1	1	0.44	0.45
2	1	1	1	2	2	2	2	0.18	0.17
3	1	2	2	1	1	2	2	0.48	0.55
4	1	2	2	2	2	1	1	0.31	0.25
5	2	1	2	1	2	1	2	0.50	0.58
6	2	1	2	2	1	2	1	0.30	0.38
7	2	2	1	1	2	2	1	0.67	0.71
8	2	2	1	2	1	1	2	0.55	0.50

4.3.1 按摩界面和按摩参数交互作用对腰部指压按摩工效的影响

先运用 Excel 软件，对酸胀度主观评价试验所采集的数据进行分析整理；然后运用 SPSS 进行统计分析，腰部按摩工效的方差分析结果如表 4-48 所示。

表 4-48 腰部指压按摩工效的方差分析（交互作用）

源	Ⅲ型平方和	df	均方	F	Sig.
校正模型	0.173[①]	6	0.029	2310.333	0.016
截距	1.471	1	1.471	117649.000	0.002

源	Ⅲ型平方和	df	均方	F	Sig.
A（深度）	0.047	1	0.047	3721.000	0.010
B（大小）	0.044	1	0.044	3481.000	0.011
A＊B	0.008	1	0.008	625.000	0.025
C（厚度）	0.070	1	00.070	5625.000	0.008
A＊C	0.002	1	0.002	121.000	0.058
B＊C	0.004	1	0.004	289.000	0.037
误差	1.250×10^{-5}	1	1.250×10^{-5}		
总计	1.644	8			
校正的总计	0.173	7			

① $R^2 = 1.000$（调整 $R^2 = 0.999$）。

由表 4-48 中的 F 检验可知：

① 指压深度、按摩头大小、按摩器包覆层厚度、指压深度和按摩头大小之间的交互作用以及按摩头大小和按摩器包覆层厚度之间的交互作用的显著水平 Sig. 分别为 0.010、0.011、0.008、0.025 和 0.037，其显著水平 Sig. 均小于 0.05，所以认为指压深度、按摩头大小、按摩器包覆层厚度、指压深度和按摩头大小之间的交互作用、按摩头大小和按摩器包覆层厚度之间的交互作用等差异性都显著，也就是说它们对指压式腰部按摩工效（酸胀度）都产生了显著影响。

② 指压深度和按摩器包覆层厚度之间的交互作用的显著水平 Sig. 为 0.058，其显著水平 Sig. 大于 0.05，所以认为指压深度和按摩器包覆层厚度之间的交互作用等差异性不显著，也就是说指压深度和按摩器包覆层厚度之间交互作用对指压式腰部按摩工效（酸胀度）产生影响不明显。

③ 交互作用影响因素的主次顺序为：指压深度和按摩头大小之间的交互作用＞按摩头大小和按摩器包覆层厚度之间的交互作用＞指压深度和按摩器包覆层厚度之间的交互作用。

4.3.2 按摩界面和按摩参数交互作用对背部指压按摩工效的影响

先运用 Excel 软件，对酸胀度主观评价试验所采集的数据进行分析整理；

然后运用 SPSS 软件进行统计分析，背部按摩工效的方差分析结果如表 4-49
所示。

表 4-49　背部指压按摩工效的方差分析（交互作用）

源	Ⅲ型平方和	df	均方	F	Sig.
校正模型	0.220①	6	0.037	2937.000	0.014
截距	1.611	1	1.611	128881.000	0.002
A（深度）	0.070	1	0.070	5625.000	0.008
B（大小）	0.023	1	0.023	1849.000	0.015
A＊B	0.001	1	0.001	49.000	0.090
C（厚度）	0.123	1	0.123	9801.000	0.006
A＊C	0.004	1	0.004	289.000	0.037
B＊C	0	1	0.000	9.000	0.205
误差	1.250×10^{-5}	1	1.250×10^{-5}		
总计	1.831	8			
校正的总计	0.220	7			

① $R^2 = 1.000$（调整 $R^2 = 1.000$）。

由表 4-49 中的 F 检验可知：

① 指压深度、按摩头大小、按摩器包覆层厚度、指压深度和按摩器包覆
层厚度之间的交互作用的显著水平 Sig. 分别为 0.008、0.015、0.006 和
0.037，其显著水平 Sig. 均小于 0.05，所以认为指压深度、按摩头大小、按
摩器包覆层厚度、指压深度和按摩器包覆层厚度之间的交互作用等差异性都
显著，也就是说它们对指压式背部按摩工效（酸胀度）均产生了显著影响。

② 指压深度和按摩头大小之间的交互作用、按摩头大小和按摩器包覆层
厚度之间的交互作用的显著水平 Sig. 分别为 0.090 和 0.205，其显著水平 Sig.
均大于 0.05，所以认为指压深度和按摩头大小之间的交互作用、按摩头大小
和按摩器包覆层厚度之间的交互作用的差异性都不显著，也就是说指压深度
和按摩头大小之间的交互作用、按摩头大小和按摩器包覆层厚度之间的交互
作用对指压式背部按摩工效（酸胀度）产生影响都不明显。

③ 交互作用影响因素的主次顺序为指压深度和按摩器包覆层厚度之间的
交互作用＞指压深度和按摩头大小之间的交互作用＞按摩头大小和按摩器包
覆层厚度之间的交互作用。

4.3.3 分析与讨论

通过按摩界面和按摩参数的正交交互试验，得到以下结论：

① 在腰部指压按摩时，指压深度和按摩头大小之间的交互作用、按摩头大小和按摩器包覆层厚度之间的交互作用对腰部按摩工效都产生了显著影响。

② 在背部指压按摩时，指压深度和按摩器包覆层厚度之间的交互作用对背部按摩工效产生了显著影响。

通过比较分析发现，按摩界面特征和按摩参数交互作用对腰部和背部指压按摩工效的影响是不同的。

① 在腰部指压按摩时，按摩头大小与指压深度、按摩器包覆层厚度之间的交互作用对腰部按摩工效都产生了显著影响。按摩头大小与指压深度、按摩器包覆层厚度共同作用影响腰部指压按摩力量。所以，按摩头大小优化时应重点考虑与指压深度、按摩器包覆层厚度的协同设计，以保证理想的按摩效果。

② 在背部指压按摩时，指压深度和按摩器包覆层厚度之间的交互作用对背部按摩工效产生了显著影响。指压深度和按摩器包覆层厚度的协同优化，是获得合适背部指压按摩力度的关键。因此，在背部指压按摩优化时，指压深度和按摩器包覆层厚度需协同优化设计。

根据按摩椅企业工程师的建议和预试验的结果，按摩界面特征和按摩参数之间交互作用肯定会对指压按摩工效产生影响。查阅相关研究文献，按摩界面特征和按摩参数之间交互作用对腰背部指压按摩工效的研究还未见报道。

综上所述，本章从按摩界面特征和按摩参数等角度，采用酸胀度主观评价、皮肤表面温度法和正交试验法，研究了按摩界面特征、按摩参数以及按摩界面和按摩参数交互作用对腰背部指压按摩工效的影响。按摩界面特征和按摩参数对腰部和背部指压按摩工效的影响规律不是完全相同的，腰部按摩和背部按摩相比，两者在按摩头形状、按摩头大小，指压 Ⅰ 型的按摩时长，指压 Ⅱ 型的指压速度、指压深度和按摩时长等因素对按摩工效的影响都是相同的；但是，腰部按摩时按摩器包覆层厚度比背部按摩时薄，指压 Ⅰ 型的靠背倾角比背部按摩时小，按摩转速比背部按摩时快，其具体研究结论如下：

① 指压式腰部按摩时，优化的按摩界面特征是按摩头形状为圆柱Ⅲ形、按摩头大小为椭圆形中和按摩器包覆层的厚度为 3mm，按摩头大小和包覆层

厚度等因素的差异性都显著，即它们对腰部指压按摩工效都产生了显著影响；按摩界面特征各影响因素的主次顺序是：按摩头大小＞按摩器包覆层厚度＞按摩头形状。

② 指压Ⅰ型腰部按摩时，优化的按摩参数是：按摩转速为 120r/min、靠背倾角为 100° 和按摩时长为 10min，按摩转速、靠背倾角和按摩时长三个因素的差异性都显著，即它们对腰部指压按摩工效都产生了显著影响；按摩参数各影响因素的主次顺序为：靠背倾角＞按摩时长＞按摩转速。

③ 指压Ⅱ型腰部按摩时，优化的按摩参数是指压速度为 3 次/min、指压深度为 5mm 和按摩时长为 10min，其中指压深度的差异性显著，即指压深度对腰部指压按摩工效产生了显著影响；按摩参数各影响因素的主次顺序为：指压深度＞指压速度＞按摩时长。

④ 指压式腰部按摩时，按摩界面和按摩参数的交互作用差异性显著的是指压深度和按摩头大小之间的交互作用、按摩头大小和按摩器包覆层厚度之间的交互作用，也就是说它们对腰部指压按摩工效都产生了显著影响。

⑤ 指压式背部按摩时，优化的按摩界面特征是按摩头形状为圆柱Ⅲ形、按摩头大小为椭圆形中和按摩器包覆层的厚度为 4mm，按摩头大小和包覆层厚度等因素的差异性都显著，即它们对背部指压按摩工效都产生了显著影响；按摩界面特征各影响因素的主次顺序是：按摩器包覆层厚度＞按摩头大小＞按摩头形状。

⑥ 指压Ⅰ型背部按摩时，优化的按摩参数是：按摩转速为 100r/min、靠背倾角为 120° 和按摩时长为 10min，其中靠背倾角和按摩时长的差异性都显著，即它们对背部指压按摩工效都产生了显著影响；按摩参数各影响因素的主次顺序为：靠背倾角＞按摩时长＞按摩转速。

⑦ 指压Ⅱ型背部按摩时，优化的按摩参数是：指压速度为 3 次/min、指压深度为 5mm 和按摩时长为 10min，其中指压深度的差异性显著，即指压深度对背部指压按摩工效产生了显著影响；按摩参数各影响因素的主次顺序为：指压深度＞指压速度＞按摩时长。

⑧ 指压式背部按摩时，按摩界面和按摩参数的交互作用差异性显著的是指压深度和按摩器包覆层厚度之间的交互作用，也就是它对背部指压按摩工效产生了显著影响。

第 5 章
腰背部拍打按摩工效

　　根据拍打手法按摩的基本原理，运用机械结构模拟其过程，实现按摩椅的拍打按摩方式。在按摩椅拍打按摩过程中，通过改变按摩器包覆层厚度等按摩界面特征以及设置拍打速度、靠背倾角和按摩时长等按摩参数来实现不同的拍打按摩工效。因此，以酸胀度和按摩部位皮肤表面最高温度及最高温度梯度为研究指标，从按摩器包覆层厚度以及按摩速度、靠背倾角和按摩时长等按摩参数角度分析拍打按摩工效的作用规律，探明腰部和背部拍打按摩时各自优化的按摩器包覆层厚度和按摩参数。

5.1　按摩界面特征对拍打按摩工效的影响

　　根据按摩椅企业的相关建议、预试验结果和现有试验条件，拍打按摩界面特征仅研究按摩器包覆层的厚度对腰背部按摩工效的影响。根据预试验结果，按摩器包覆层厚度选择 2mm、3mm 和 4mm 3 水平，如表 5-1 所示。

表 5-1　拍打按摩时按摩器包覆层的水平

按摩界面	水平		
	1	2	3
按摩器包覆层厚度	2mm	3mm	4mm

5.1.1 按摩器包覆层厚度对腰部拍打按摩工效的影响

（1）按摩工效的主观评价 先运用 Excel 软件，对酸胀度主观评价试验所采集的数据进行分析整理；然后运用 SPSS 软件对酸胀度进行单因素方差分析，方差齐性检验结果如表 5-2 所示，方差分析如表 5-3 所示，3 种包覆层厚度下的酸胀度之间显著性差异两两比较结果如表 5-4 所示，同时对酸胀度进行描述性统计，其统计结果如表 5-5 所示。

表 5-2　腰部拍打按摩工效的方差齐性检验（包覆层厚度）

Levene 统计量	df1	df2	显著性
0.313	2	27	0.052

从表 5-2 可以看出，显著性指标（Sig.）的值为 0.052，大于 0.05，所以认为各组的方差齐次，所以在多重比较时选择齐次常用的检验方法 LSD。

表 5-3　腰部拍打按摩工效的方差分析（包覆层厚度）

项目	平方和	df	均方	F	显著性
组间	0.438	2	0.219	1.358	0.274
组内	4.354	27	0.161		
总数	4.792	29			

由表 5-3 可以看出，显著性指标（Sig.）的值为 0.274，大于 0.05，即假设成立，认为各包覆层厚度下的酸胀度的均值差异性不显著。

表 5-4　腰部拍打按摩工效的多重比较（包覆层厚度）

厚度（I）/mm	厚度（J）/mm	均值差（I−J）/mm	标准误差	显著性	置信区间95%	
					下限	上限
2	3	−0.2400	0.1796	0.193	−0.608	0.128
	4	0.0300	0.1796	0.869	−0.338	0.398
3	2	0.2400	0.1796	0.193	−0.128	0.608
	4	0.2700	0.1796	0.144	−0.098	0.638
4	2	−0.0300	0.1796	0.869	−0.398	0.338
	3	−0.2700	0.1796	0.144	−0.638	0.098

注：均值差的显著性水平为 0.05。

从表 5-4 可以看出，由于三个厚度规格的显著性 Sig. 取值为 0.144、

0.193 和 0.869，都大于 0.05，所以认为包覆层厚度在酸胀度上差异性不显著。结合表 5-5 中的酸胀度的均值来看，包覆层厚度 3mm 的酸胀度的均值高于其他厚度的均值。因此，认为按摩器包覆层厚度 3mm 的腰部拍打按摩工效要优于其他厚度的按摩工效，但是差异性不显著。

表 5-5　腰部拍打按摩的酸胀度变化统计（包覆层厚度）

厚度/mm	均值	标准差	最小值	最大值	全距	均值的标准误差
2	0.390	0.5820	−0.7	1.2	1.9	0.1841
3	0.630	0.3592	−0.3	1.0	1.3	0.1136
4	0.360	0.1265	0.2	0.6	0.4	0.0400

（2）按摩工效的试验评价　先运用 Excel 软件，对按摩部位皮肤表面温度试验所采集的数据进行分析整理，得到温度和温度梯度；然后运用 SPSS 进行温度梯度和温度的描述性统计分析，并以最高温度梯度和最高温度来判断按摩工效的优劣。温度和温度梯度描述性统计结果如表 5-6 所示。各时间点的最高温度统计如表 5-7 所示，其变化趋势如图 5-1 所示。

表 5-6　不同包覆层厚度按摩时的温度和温度梯度统计（腰部拍打）

项目	温度梯度 （2mm） /℃	温度梯度 （3mm） /℃	温度梯度 （4mm） /℃	温度 （2mm） /℃	温度 （3mm） /℃	温度 （4mm） /℃
最大值	0.9	0.9	0.8	32.4	32.3	32.4
均值	0.444	0.376	0.348	31.500	31.543	31.383
标准差	0.2755	0.2260	0.2201	0.8432	0.6932	0.7405
均值的标准误差	0.0551	0.0452	0.0440	0.1540	0.1266	0.1352

从表 5-6 可以看出，按摩器包覆层厚度 2mm、3mm 和 4mm 按摩时所产生的最高温度梯度分别是 0.9℃、0.9℃ 和 0.8℃，包覆层厚度 2mm、3mm 和 4mm 按摩时所产生的最高温度分别是 32.4℃、32.3℃ 和 32.4℃，最高温度梯度出现在按摩器包覆层厚度为 2mm 和 3mm 按摩过程中，而最高温度出现在包覆层厚度为 2mm 和 4mm 的按摩过程中。

表 5-7　不同包覆层厚度按摩时的最高温度统计（腰部拍打）

测量时间	温度（2mm）/℃	温度（3mm）/℃	温度（4mm）/℃
第 0 分钟	30.4	30.6	30.6
第 2 分钟	31.2	31.3	31.2

测量时间	温度（2mm）/℃	温度（3mm）/℃	温度（4mm）/℃
第 4 分钟	31.8	31.8	31.8
第 6 分钟	32.2	32.1	32.2
第 8 分钟	32.4	32.2	32.3
第 10 分钟	32.4	32.3	32.4

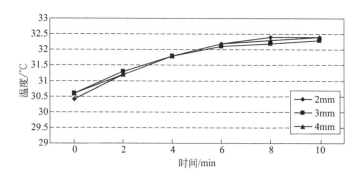

图 5-1　不同包覆层厚度按摩时的最高温度变化趋势（腰部拍打）

由表 5-7 和图 5-1 可以看出，三种包覆层厚度的各时间点的最高温度交替上升，按摩前半程包覆层厚度 3mm 按摩时的最高温度相对较高。因此，从最高温度梯度和最高温度的角度来看，按摩器包覆层厚度对腰部拍打按摩工效影响交替波动，差别不明显。

因此，综合酸胀度主观评价试验以及最高温度和最高温度梯度两方面的分析结果，认为在按摩器包覆层厚度 2mm、3mm 和 4mm 3 水平下，按摩器包覆层厚度 3mm 的腰部拍打按摩工效相对较优，但各水平之间的差异性不显著。

拍打按摩时，腰部优化的按摩器包覆层厚度为 3mm，但是 3 种包覆层厚度差异性不显著，各时间点的最高温度十分接近，且交替上升。

5.1.2　按摩器包覆层厚度对背部拍打按摩工效的影响

（1）按摩工效的主观评价　先运用 Excel 软件，对酸胀度主观评价试验所采集的数据进行分析整理；然后运用 SPSS 对酸胀度进行单因素方差分析，方差齐性检验结果如表 5-8 所示，方差分析如表 5-9 所示，3 种包覆层厚度下的酸胀度之间显著性差异两两比较结果如表 5-10 所示，同时对酸胀度进行描述性统计，其统计结果如表 5-11 所示。

表 5-8　背部拍打按摩工效的方差齐性检验（包覆层厚度）

Levene 统计量	df1	df2	显著性
0.326	2	27	0.725

从表 5-8 可以看出，显著性指标（Sig.）的值为 0.725，大于 0.05，所以认为各组的方差齐次，所以在多重比较时选择齐次常用的检验方法 LSD。

表 5-9　背部拍打按摩工效的方差分析（包覆层厚度）

项目	平方和	df	均方	F	显著性
组间	0.302	2	0.151	2.384	0.111
组内	1.710	27	0.063		
总数	2.012	29			

从表 5-9 可以看出，显著性指标（Sig.）的值为 0.111，大于 0.05，即假设成立，认为各包覆层厚度下的酸胀度的均值差异性不显著。

表 5-10　背部拍打按摩工效的多重比较（包覆层厚度）

厚度（I）/mm	厚度（J）/mm	均值差（I−J）/mm	标准误差	显著性	置信区间 95%	
					下限	上限
2	3	0.1900	0.1125	0.103	−0.041	0.421
	4	0.2300	0.1125	0.051	−0.001	0.461
3	2	−0.1900	0.1125	0.103	−0.421	0.041
	4	0.0400	0.1125	0.725	−0.191	0.271
4	2	−0.2300	0.1125	0.051	−0.461	0.001
	3	−0.0400	0.1125	0.725	−0.271	0.191

注：均值差的显著性水平为 0.05。

由表 5-10 可以看出，由于各包覆层厚度的显著性 Sig. 取值都大于 0.05，所以认为包覆层厚度在酸胀度上差异性不显著。结合表 5-11 中的酸胀度的均值来看，包覆层厚度 2mm 的酸胀度的均值高于其他厚度的均值。因此，认为按摩器包覆层厚度 2mm 按摩时背部拍打按摩工效较优，但各水平之间的差异性不显著。

表 5-11　背部拍打的酸胀度变化统计（包覆层厚度）

厚度/mm	均值	标准差	最小值	最大值	全距	均值的标准误差
2	0.500	0.2789	−0.2	0.8	1.0	0.0882
3	0.310	0.2923	−0.4	0.7	1.1	0.0924
4	0.270	0.1636	0.1	0.6	0.5	0.0517

（2）**按摩工效的试验评价**　先运用 Excel 软件，对按摩部位皮肤表面温度试验所采集的数据进行分析整理，得到温度和温度梯度；然后运用 SPSS 进行温度梯度和温度的描述性统计分析，并以最高温度梯度和最高温度来判断按摩工效的优劣。温度和温度梯度描述性统计结果如表 5-12 所示。各时间点的最高温度统计如表 5-13 所示，其变化趋势如图 5-2 所示。

表 5-12　不同包覆层厚度按摩时的温度和温度梯度统计（背部拍打）

项目	温度梯度 （2mm） /℃	温度梯度 （3mm） /℃	温度梯度 （4mm） /℃	温度 （2mm） /℃	温度 （3mm） /℃	温度 （4mm） /℃
最大值	0.9	0.8	0.7	32.3	32.2	32.1
均值	0.464	0.408	0.352	31.220	31.253	31.090
标准差	0.2722	0.1956	0.1896	0.9390	0.7587	0.7146
均值的标准误差	0.0544	0.0391	0.0379	0.1714	0.1385	0.1305

从表 5-12 可以看出，按摩器包覆层厚度 2mm、3mm 和 4mm 按摩时所产生的最高温度梯度分别是 0.9℃、0.8℃和 0.7℃，包覆层厚度 2mm、3mm 和 4mm 按摩时所产生的最高温度分别是 32.3℃、32.2℃和 32.1℃，最高温度梯度和最高温度都出现在按摩器包覆层厚度为 2mm 按摩时的按摩过程中。

表 5-13　不同包覆层厚度按摩时的最高温度统计（背部拍打）

测量时间	温度（2mm）/℃	温度（3mm）/℃	温度（4mm）/℃
第 0 分钟	30.2	30.3	30.3
第 2 分钟	31.0	31.0	30.9
第 4 分钟	31.6	31.5	31.5
第 6 分钟	32.1	31.9	31.8
第 8 分钟	32.3	32.1	32.0
第 10 分钟	32.3	32.2	32.1

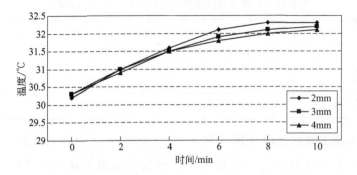

图 5-2　不同包覆层厚度按摩时的最高温度变化趋势（背部拍打）

从表 5-13 和图 5-2 可以看出，按摩器包覆层厚度为 2mm 按摩时各时间点的最高温度比其他厚度都要高一些，但是按摩的前半段时间最高温度交替上升。因此，从最高温度梯度和最高温度的角度来看，按摩器包覆层厚度为 2mm 按摩时的按摩工效相对优一些。

因此，综合酸胀度主观评价试验以及最高温度和最高温度梯度等两方面的分析结果，认为在按摩器包覆层厚度 2mm、3mm 和 4mm 3 水平下，包覆层厚度为 2mm 按摩时背部按摩工效较优，但是从酸胀度主观评价试验的结果来看，各水平之间差异性不显著。

拍打按摩时，背部优化的按摩器包覆层厚度为 2mm，但是 3 种包覆层厚度差异性不显著，按摩前半段各时间点的最高温度交替上升。

5.1.3　分析与讨论

腰部拍打按摩时，优化的按摩器包覆层厚度为 3mm，但 3 种包覆层厚度之间的差异性不显著。

背部拍打按摩时，优化的按摩器包覆层厚度为 2mm，但 3 种包覆层厚度之间的差异性不显著。

通过比较分析发现，拍打按摩工效最优时，背部按摩的按摩器包覆层厚度比腰部薄 1mm，可能是由于在背部拍打按摩时，拍打按摩力度相对较小，或者是其他因素变化引起按摩的力量相对较小，或者是存在一定的试验误差，从而使背部按摩器包覆层厚度薄一些。

5.2 按摩参数对拍打按摩工效的影响

根据按摩椅企业的相关建议，参考人工按摩原理、预试验结果和现有试验条件，在研究按摩参数对拍打按摩工效影响时，选取拍打速度、靠背倾角和按摩时长 3 个因素，各因素均设置 3 水平，具体如表 5-14 所示。其中，根据预试验结果和参考指压按摩器按摩转速的设置要求，拍打速度设置了 200r/min、400r/min 和 600r/min 3 水平；根据预试验结果和参考按摩椅企业按摩效果调试的经验，靠背倾角设置了 100°、120°和 140° 3 水平；根据预试验结果和按摩椅企业的相关建议，按摩时长设置了 5min、10min 和 15min 3 水平。

表 5-14　拍打按摩时参数的水平

按摩参数	水平		
	1	2	3
拍打速度/（r/min）	200	400	600
靠背倾角/（°）	100	120	140
按摩时长/min	5	10	15

按摩参数包括拍打速度、靠背倾角和按摩时长 3 个因素，这 3 个因素均是 3 水平，具体如表 5-14 所示。正交试验时，选择 4 因素 3 水平的正交表 $L_9(3^4)$，具体的正交表如表 5-15 所示。

表 5-15　拍打按摩参数的正交试验设计

试验号	A（速度）	B（倾角）	C（时长）	空列（因素4）	酸胀度
1	1（200r/min）	1（100°）	1（5min）	1	
2	1	2（120°）	2（10min）	2	
3	1	3（140°）	3（15min）	3	
4	2（400r/min）	1	2	3	
5	2	2	3	1	
6	2（600r/min）	3	1	2	
7	3（600r/min）	1	3	2	
8	3	2	1	3	
9	3	3	2	1	

5.2.1 按摩参数对腰部拍打按摩工效的影响

5.2.1.1 按摩工效的主观评价

先运用 Excel 软件，对酸胀度主观评价试验所采集的数据进行分析整理；然后运用 SPSS 软件进行统计分析，腰部按摩工效的方差分析结果如表 5-16 所示，按摩参数各因素的单因素统计分析结果如表 5-17 所示。

表 5-16 腰部拍打按摩工效的方差分析（按摩参数）

源	Ⅲ型平方和	df	均方	F	Sig.
校正模型	0.161[1]	6	0.027	49.143	0.020
截距	0.954	1	0.954	1752.020	0.001
A（速度）	0.052	2	0.026	48.020	0.020
B（倾角）	0.059	2	0.030	54.265	0.018
C（时长）	0.049	2	0.025	45.143	0.022
误差	0.001	2	0.001		
总计	1.116	9			
校正的总计	0.162	8			

① $R^2 = 0.993$（调整 $R^2 = 0.973$）。

由表 5-16 中的 F 检验可知，拍打速度、靠背倾角和按摩时长的显著水平 Sig. 分别为 0.020、0.018 和 0.022，均小于 0.05，所以认为拍打速度、靠背倾角和按摩时长三个因素差异性都显著，也就是拍打速度、靠背倾角和按摩时长对拍打式腰部按摩工效（酸胀度）产生了显著影响；影响因素的主次顺序为：靠背倾角＞拍打速度＞按摩时长。

表 5-17 腰部拍打按摩工效的单因素统计分析（按摩参数）

项目	均值	标准误差	95%置信区间	
			下限	上限
A₁（200r/min）	0.273	0.013	0.215	0.331
A₂（400r/min）	0.433	0.013	0.375	0.491
A₃（600r/min）	0.270	0.013	0.212	0.328
B₁（100°）	0.263	0.013	0.205	0.321
B₂（120°）	0.440	0.013	0.382	0.498

项目	均值	标准误差	95%置信区间	
			下限	上限
B_3（140°）	0.273	0.013	0.215	0.331
C_1（5min）	0.277	0.013	0.219	0.335
C_2（10min）	0.270	0.013	0.212	0.328
C_3（15min）	0.430	0.013	0.372	0.488

由表 5-17 可知，按摩参数的各因素水平对按摩工效影响的大小顺序为：$A_2 > A_1 > A_3$，即拍打速度为 400r/min 按摩产生的腰部拍打按摩工效优于其他两种速度的按摩工效；$B_2 > B_3 > B_1$，即靠背倾角为 120° 按摩产生的腰部拍打按摩工效优于其他两种靠背倾角的按摩工效；$C_3 > C_1 > C_2$，即按摩时长为 15min 按摩时产生的腰部拍打按摩工效优于其他两种按摩时长的按摩工效。

综合表 5-16 和表 5-17 的分析结果，腰部拍打按摩工效的优化按摩参数是 $A_2 B_2 C_3$，即拍打速度为 400r/min、靠背倾角为 120° 和按摩时长为 15min；且拍打速度、靠背倾角和按摩时长对拍打式腰部按摩工效都产生了显著影响；按摩参数各影响因素的主次顺序为：靠背倾角＞拍打速度＞按摩时长。

5.2.1.2 按摩工效的试验评价

（1）不同拍打速度按摩时的最高温度和最高温度梯度　先运用 Excel 软件，对按摩部位皮肤表面温度试验所采集的数据进行分析整理，得到温度和温度梯度；然后运用 SPSS 软件进行温度梯度和温度的描述性统计分析，并以最高温度梯度和最高温度来判断按摩工效的优劣。温度和温度梯度描述性统计结果如表 5-18 所示。各时间点的最高温度统计如表 5-19 所示，其变化趋势如图 5-3 所示。

表 5-18　不同拍打速度按摩时的温度和温度梯度统计（腰部拍打）

项目	温度梯度（200r/min）/℃	温度梯度（400r/min）/℃	温度梯度（600r/min）/℃	温度（200r/min）/℃	温度（400r/min）/℃	温度（600r/min）/℃
最大值	1.0	1.0	0.9	32.9	33.6	32.3
均值	0.452	0.448	0.404	31.283	31.693	31.393
标准差	0.2201	0.2143	0.2475	0.9341	1.0754	0.7301
均值标准误差	0.0440	0.0429	0.0495	0.1705	0.1963	0.1333

从表 5-18 可以看出，拍打速度为 200r/min、400r/min 和 600r/min 按摩时产生的最高温度梯度分别为 1.0℃、1.0℃ 和 0.9℃，拍打速度为 200r/min、400r/min 和 600r/min 按摩时产生的最高温度分别为 32.9℃、33.6℃ 和 32.3℃，所以最高温度梯度出现在拍打速度 200r/min 和 400r/min 按摩时的按摩过程中，而最高温度出现在拍打速度为 400r/min 的按摩过程中。

表 5-19　不同拍打速度按摩时的最高温度统计（腰部拍打）

测量时间	温度（200r/min）/℃	温度（400r/min）/℃	温度（600r/min）/℃
第 0 分钟	30.4	31.0	30.3
第 2 分钟	31.4	31.6	31.1
第 4 分钟	32.0	32.3	31.6
第 6 分钟	32.4	33.0	32.0
第 8 分钟	32.7	33.3	32.2
第 10 分钟	32.9	33.6	32.3

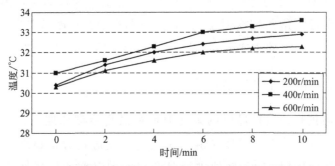

图 5-3　不同拍打速度按摩时的最高温度变化趋势（腰部拍打）

从表 5-19 和图 5-3 可以看出，拍打速度 400r/min 按摩时各时间点的最高温度比其他拍打速度都要高一些。因此，从最高温度梯度和最高温度的角度来看，拍打速度 400r/min 按摩时腰部按摩工效相对优一些。

因此，综合酸胀度主观评价试验以及最高温度和最高温度梯度等两方面的分析结果，认为在拍打速度 200r/min、400r/min 和 600r/min 3 水平下，拍打速度 400r/min 按摩时的腰部按摩工效相对较优，且各水平之间的差异性显著。

（2）不同靠背倾角按摩时的最高温度和最高温度梯度　先运用 Excel 软件，对按摩部位皮肤表面温度试验所采集的数据进行分析整理，得到温度和温度梯度；然后运用 SPSS 进行温度梯度和温度的描述性统计分析，并以最

高温度梯度和最高温度来判断按摩工效的优劣。温度和温度梯度描述性统计
结果如表 5-20 所示。各时间点的最高温度统计如表 5-21 所示，其变化趋势如
图 5-4 所示。

表 5-20　不同靠背倾角按摩时的温度和温度梯度统计（腰部拍打）

项目	温度梯度 （100°） /℃	温度梯度 （120°） /℃	温度梯度 （140°） /℃	温度 （100°） /℃	温度 （120°） /℃	温度 （140°） /℃
最大值	0.8	1.0	0.8	32.2	33.1	32.4
均值	0.396	0.492	0.356	31.227	31.727	31.490
标准差	0.1989	0.2216	0.2181	0.7799	0.9336	0.6789
均值的标准误差	0.0398	0.0443	0.0436	0.1424	0.1705	0.1240

从表 5-20 可以看出，靠背倾角为 100°、120°和 140°按摩时产生的最高温
度梯度分别是 0.8℃、1.0℃和 0.8℃，靠背倾角为 100°、120°和 140°按摩时
所产生的最高温度分别是 32.2℃、33.1℃和 32.4℃，所以最高温度梯度和最
高温度都出现在靠背倾角为 120°按摩时的按摩过程中。

表 5-21　不同靠背倾角按摩时的最高温度统计（腰部拍打）

测量时间	温度（100°）/℃	温度（120°）/℃	温度（140°）/℃
第 0 分钟	30.3	31.0	30.6
第 2 分钟	31.0	31.7	31.2
第 4 分钟	31.4	32.3	31.7
第 6 分钟	31.8	32.7	32.1
第 8 分钟	32.1	32.9	32.3
第 10 分钟	32.2	33.1	32.4

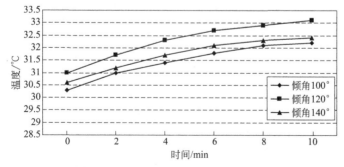

图 5-4　不同靠背倾角按摩时的最高温度变化趋势（腰部拍打）

从表 5-21 和图 5-4 可以看出，靠背倾角为 120°按摩时产生的各时间点的最高温度比其他靠背倾角都要高一些。因此，从最高温度梯度和最高温度的角度来看，靠背倾角为 120°按摩时的按摩工效相对优一些。

因此，综合酸胀度主观评价试验以及最高温度和最高温度梯度等两方面的分析结果，认为在靠背倾角 100°、120°和 140° 3 水平下，靠背倾角为 120°按摩时腰部拍打按摩工效最优，且各水平之间的差异性显著。

5.2.2 按摩参数对背部拍打按摩工效的影响

5.2.2.1 按摩工效的主观评价

先运用 Excel 软件，对酸胀度主观评价试验所采集的数据进行分析整理；然后运用 SPSS 软件进行统计分析，背部按摩工效的方差分析结果如表 5-22 所示，不同按摩参数的单因素统计分析结果如表 5-23 所示。

表 5-22 背部拍打按摩工效的方差分析（按摩参数）

源	Ⅲ型平方和	df	均方	F	Sig.
校正模型	0.062[①]	6	0.010	15.164	0.063
截距	1.007	1	1.007	1485.262	0.001
A（速度）	0.019	2	0.010	14.279	0.065
B（倾角）	0.026	2	0.013	19.393	0.049
C（时长）	0.016	2	0.008	11.820	0.078
误差	0.001	2	0.001		
总计	1.070	9			
校正的总计	0.063	8			

① $R^2=0.978$（调整 $R^2=0.914$）。

由表 5-22 中的 F 检验可知，拍打速度、靠背倾角和按摩时长的显著水平 Sig. 分别为 0.065、0.049 和 0.078，只有靠背倾角的显著水平 Sig. 小于 0.05，所以认为靠背倾角因素的差异性显著，也就是说靠背倾角对拍打式背部按摩工效（酸胀度）产生了显著影响；按摩参数各影响因素的主次顺序为：靠背倾角＞拍打速度＞按摩时长。

由表 5-23 可知，按摩参数的各因素水平对按摩工效影响的大小顺序为：$A_1＞A_2＞A_3$，即拍打速度为 200r/min 按摩时所产生的背部拍打按摩工效优于其他两种速度的按摩工效；$B_3＞B_2＞B_1$，即靠背倾角为 140°按摩时所产生的背部拍打按摩工效优于其他两种靠背倾角的按摩工效；$C_2 > C_1 > C_3$，即按摩时长为 10min 按摩时所产生的背部拍打按摩工效优于其他两种按摩时长的按摩工效。

表 5-23　背部拍打按摩工效的单因素统计分析（按摩参数）

项目	均值	标准误差	95％置信区间	
			下限	上限
A_1（200r/min）	0.400	0.015	0.335	0.465
A_2（400r/min）	0.303	0.015	0.239	0.368
A_3（600r/min）	0.300	0.015	0.235	0.365
B_1（100°）	0.277	0.015	0.212	0.341
B_2（120°）	0.320	0.015	0.255	0.385
B_3（140°）	0.407	0.015	0.342	0.471
C_1（5min）	0.313	0.015	0.249	0.378
C_2（10min）	0.393	0.015	0.329	0.458
C_3（15min）	0.297	0.015	0.232	0.361

综合表 5-22 和表 5-23 的分析结果，背部拍打按摩工效的优化按摩参数是 $A_1B_3C_2$，即拍打速度为 200r/min、靠背倾角为 140°和按摩时长为 10min；且靠背倾角对背部拍打按摩工效产生了显著影响；按摩参数各因素的主次顺序为：靠背倾角＞拍打速度＞按摩时长。

5.2.2.2　按摩工效的试验评价

（1）不同拍打速度按摩时的最高温度和最高温度梯度　先运用 Excel 软件，对按摩部位皮肤表面温度试验所采集的数据进行分析整理，得到温度和温度梯度；然后运用 SPSS 进行温度梯度和温度的描述性统计分析，并以最高温度梯度和最高温度来判断按摩工效的优劣。温度和温度梯度描述性统计结果如表 5-24 所示。各时间点的最高温度统计如表 5-25 所示，其变化趋势如图 5-5 所示。

表 5-24　不同拍打速度按摩时的温度和温度梯度统计（背部拍打）

项目	温度梯度（200r/min）/℃	温度梯度（400r/min）/℃	温度梯度（600r/min）/℃	温度（200r/min）/℃	温度（400r/min）/℃	温度（600r/min）/℃
最大值	1.0	0.8	0.8	32.8	32.0	31.8

项目	温度梯度 (200r/min) /℃	温度梯度 (400r/min) /℃	温度梯度 (600r/min) /℃	温度 (200r/min) /℃	温度 (400r/min) /℃	温度 (600r/min) /℃
均值	0.504	0.416	0.348	30.870	30.410	30.500
标准差	0.2208	0.2211	0.1982	0.9124	0.7232	0.6422
均值标准误差	0.0442	0.0442	0.0396	0.1666	0.1320	0.1172

从表 5-24 可以看出，拍打速度为 200r/min、400r/min 和 600r/min 按摩时所产生的最高温度梯度分别为 1.0℃、0.8℃ 和 0.8℃，拍打速度为 200r/min、400r/min 和 600r/min 按摩时所产生的最高温度分别为 32.8℃、32.0℃ 和 31.8℃，所以最高温度梯度和最高温度都出现在拍打速度 200r/min 按摩过程中。

表 5-25 不同拍打速度按摩时的最高温度统计（背部拍打）

测量时间	温度（200r/min）/℃	温度（400r/min）/℃	温度（600r/min）/℃
第 0 分钟	31.0	30.4	30.3
第 2 分钟	31.2	31.4	31.1
第 4 分钟	30.5	30.3	30.1
第 6 分钟	31.6	30.9	30.9
第 8 分钟	32.3	31.5	31.5
第 10 分钟	32.8	32.0	31.8

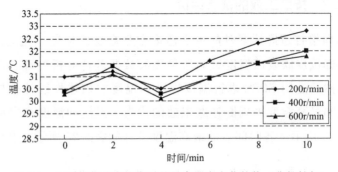

图 5-5 不同拍打速度按摩时的最高温度变化趋势（背部拍打）

从表 5-25 和图 5-5 可以看出，除了按摩开始 2min 时间点，拍打速度 200r/min 按摩时各时间点的最高温度比其他拍打速度都要高一些。因此，从最高温度梯度和最高温度的角度来看，拍打速度 200r/min 按摩时的按摩工效相对优一些。

因此，综合酸胀度主观评价试验以及最高温度和最高温度梯度等两方面的分析结果，认为在拍打速度200r/min、400r/min和600r/min 3水平下，拍打速度200r/min按摩时所产生的背部按摩工效较优，但是各水平之间产生的差异性不显著。

（2）不同靠背倾角按摩时的最高温度和最高温度梯度　先运用Excel软件，对按摩部位皮肤表面温度试验所采集的数据进行分析整理，得到温度和温度梯度；然后运用SPSS进行温度梯度和温度的描述性统计分析，并以最高温度梯度和最高温度来判断按摩工效的优劣。温度和温度梯度描述性统计结果如表5-26所示。各时间点的最高温度统计如表5-27所示，其变化趋势如图5-6所示。

表5-26　不同靠背倾角按摩时的温度和温度梯度统计（背部拍打）

项目	温度梯度 (100°) /℃	温度梯度 (120°) /℃	温度梯度 (140°) /℃	温度 (100°) /℃	温度 (120°) /℃	温度 (140°) /℃
最大值	0.7	0.8	0.9	32.2	32.4	32.9
均值	0.392	0.428	0.512	30.847	31.023	31.407
标准差	0.1869	0.1838	0.2333	0.7798	0.8916	0.9581
均值的标准误差	0.0374	0.0368	0.0467	0.1424	0.1628	0.1749

从表5-26中可以看出，靠背倾角为100°、120°和140°按摩产生的最高温度梯度分别是0.7℃、0.8℃和0.9℃，靠背倾角为100°、120°和140°按摩产生的最高温度分别是32.2℃、32.4℃和32.9℃，所以最高温度梯度和最高温度都出现在靠背倾角为140°时的按摩过程中。

表5-27　不同靠背倾角按摩时的最高温度统计（背部拍打）

测量时间	温度 (100°) /℃	温度 (120°) /℃	温度 (140°) /℃
第0分钟	30.2	30.5	30.1
第2分钟	30.8	31.0	30.9
第4分钟	31.2	31.5	31.8
第6分钟	31.5	32.0	32.5
第8分钟	32.1	32.3	32.8
第10分钟	32.2	32.4	32.9

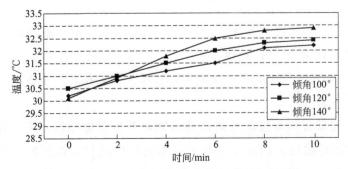

图 5-6　靠背倾角的最高温度变化趋势（背部拍打）

从表 5-27 和图 5-6 可以看出，靠背倾角为 140°按摩时各时间点的最高温度比其他靠背倾角都要高一些。因此，从最高温度梯度和最高温度的角度看，靠背倾角为 140°按摩时按摩工效相对优一些。

因此，综合酸胀度主观评价试验以及最高温度和最高温度梯度等两方面的分析结果，认为在靠背倾角 100°、120°和 140° 3 水平下，靠背倾角为 140°按摩时的背部拍打按摩工效最优，且各水平之间的差异性显著。

5.2.3　分析与讨论

按摩椅拍打按摩时，腰部优化的按摩参数：

① 拍打速度　速度为 400r/min 按摩时所产生的腰部拍打按摩工效最优，3 种按摩速度之间产生的按摩工效差异性显著。

② 靠背倾角　倾角为 120°按摩时所产生的腰部拍打按摩工效最优，3 种靠背倾角之间产生的按摩工效差异性显著。

③ 按摩时长　时长为 15min 按摩时所产生的腰部拍打按摩工效最优，3 种时长之间产生的按摩工效差异性显著。

④ 按摩参数各影响因素的主次顺序为：靠背倾角＞拍打速度＞按摩时长。

按摩椅拍打按摩时，背部优化的按摩参数：

① 拍打速度　速度为 200r/min 按摩时所产生的背部拍打按摩工效最优，3 种按摩速度之间的按摩工效差异性不显著。

② 靠背倾角　倾角为 140°按摩时所产生的背部拍打按摩工效最优，3 种靠背倾角之间产生的按摩工效差异性显著。

③ 按摩时长　时长为10min按摩时所产生的背部拍打按摩工效最优，3种时长之间产生的按摩工效差异性不显著。

④ 按摩参数各影响因素的主次顺序为：靠背倾角＞拍打速度＞按摩时长。

根据以上研究结果，作以下分析讨论：

① 靠背倾角是影响腰部和背部拍打按摩工效最主要的按摩参数因素　靠背倾角的大小，直接影响腰背部拍打按摩部位的体压分布情况，进而改变按摩力度，最终影响腰背部的拍打按摩工效。通过靠背倾角的合理设置，可获得理想的拍打按摩效果。因此，靠背倾角优化是获得理想拍打按摩工效的有效途径，且腰部和背部拍打按摩工效优化时，优先选择的因素都是靠背倾角。

② 拍打按摩参数各因素影响腰部和背部按摩工效的主次顺序是相同的　在腰部和背部拍打按摩时，拍打速度、靠背倾角和按摩时长等按摩参数因素对腰部和背部拍打按摩工效影响的主次顺序是一致的，说明拍打按摩参数因素优化时，腰部和背部可以同时进行，仅优化设计各因素的不同水平。

③ 拍打按摩腰部和背部优化的按摩参数比较分析　通过对比分析发现，腰部和背部拍打按摩产生最优的按摩工效时，腰部的拍打速度比背部要高，腰部按摩时的靠背倾角比背部的靠背倾角小，腰部按摩时的按摩时长比背部按摩时长。靠背倾角小一些，按摩头与按摩部位的作用力就相应小一些，通过调整按摩时长，以保证最优的按摩工效。

总之，本节从拍打速度、靠背倾角和按摩时长等按摩参数角度研究了按摩参数对拍打按摩工效的影响规律，并优化了拍打按摩参数，按摩参数对腰部和背部拍打按摩工效的影响规律不是完全相同的。浙江大学杨钟亮等的研究结果表明，在执行静力性标准俯卧撑（SPU）后采用拍打按摩恢复缓解竖脊肌疲劳的效果好于静坐恢复的效果，这说明拍打按摩能取得较好的按摩效果，但是没有研究和优化影响拍打按摩工效的按摩参数，通过拍打按摩参数优化，可获得更好的按摩椅腰背部拍打按摩工效。

综上所述，本章从按摩界面特征和按摩参数等角度，采用酸胀度主观评价、皮肤表面温度法和正交试验法，研究了按摩界面特征和按摩参数对腰背部拍打按摩工效的影响。按摩界面特征和按摩参数对腰部和背部拍打按摩工效的影响规律不相同，腰部按摩和背部按摩相比，腰部按摩时的按摩器包覆层厚度比背部按摩时厚，拍打速度比背部按摩时快，靠背倾角比背部按摩时小，具体研究结论如下：

① 腰部拍打按摩时，优化的按摩器包覆层厚度为 3mm，但各水平之间的差异性不显著。

② 腰部拍打按摩时，优化的按摩参数是拍打速度为 400r/min、靠背倾角为 120°和按摩时长为 15min，三个因素的差异性都显著，即它们对腰部拍打按摩工效都产生了显著影响；按摩参数各影响因素的主次顺序为：靠背倾角＞拍打速度＞按摩时长。

③ 背部拍打按摩时，优化的按摩器包覆层厚度为 2mm，但差异性不显著。

④ 背部拍打按摩时，优化的按摩参数是拍打速度为 200r/min、靠背倾角为 140°和按摩时长为 10min，其中靠背倾角的差异性显著，即靠背倾角对背部拍打按摩工效产生了显著影响；按摩参数各影响因素的主次顺序为：靠背倾角＞拍打速度＞按摩时长。

第6章
不同按摩方式的工效比较

要达到理想的按摩工效，按摩方式的选择将会起到重要的作用。因此，在按摩界面特征和按摩参数对腰背部按摩工效影响研究的基础上，将优化的按摩界面特征和按摩参数组合在一起，对比研究腰部和背部单一按摩方式的按摩工效，优化腰背部单一按摩方式；然后，运用表面肌电法（sEMG），分析验证优化的单一按摩方式对改善腰部和背部肌肉疲劳的按摩工效。

组合按摩方式是获得理想按摩工效和按摩舒适度的重要途径，本章选择已优化的按摩界面特征和按摩参数，进行不同组合按摩方式对不同体型人群腰背部按摩舒适度对比研究。通过对揉捏按摩、指压按摩和拍打按摩等按摩方式的组合设计，构建了揉捏-指压-拍打、指压-拍打-揉捏和拍打-揉捏-指压三种基本的组合按摩方式，以体重指数（BMI）为分类参考标准，将被试者分为偏瘦、正常和偏胖三种体型人群。采用按摩舒适度主观评价（CS）和脑电试验（EEG），比较研究腰背部揉捏-指压-拍打、指压-拍打-揉捏以及拍打-揉捏-指压三种基本组合按摩方式下不同体型人群的按摩舒适度。

6.1　单一按摩方式对比

通过酸胀度主观评价法（SZ）研究按摩部位酸胀度变化情况，采用皮肤表面温度法（ST）研究按摩部位皮肤温度变化情况，对比研究腰背部单一按摩方式的按摩工效。同时，采用表面肌电法（sEMG），验证单一按摩方式的按摩工效。

（1）试验对象　酸胀度主观评价、皮肤表面温度等试验对象同第 3 章揉捏按摩工效研究的试验对象。

① 表面肌电试验　经过预试验，随机选取 5 名被试者参加试验。5 名被试者为身体健康的学生，男性 3 名，女性 2 名，被试者均无肌肉、骨骼和心血管等疾病。其中，男性被试者的基本生理信息如下：平均年龄 26 岁，平均身高 164.6cm，平均体重 60.3kg；女性被试者的基本生理信息如下：平均年龄 24.5 岁，平均身高 158.4cm，平均体重 51.3kg。

② 按摩舒适度主观评价试验和脑电试验　经过预试验，随机选取 12 名被试者参加试验。12 名被试者为身体健康的学生，全部为男性，被试者均无肌肉、骨骼和心血管等疾病。根据体重指标（BMI），被试者分成 3 组，偏瘦组（BMI ＜18.5）为 4 人，其基本生理信息是：平均年龄 22 岁，平均身高 171.5cm，平均体重 53.1kg；正常组（BMI 18.5～23.9）为 4 人，其基本生理信息是：平均年龄 23 岁，平均身高 172.4cm，平均体重 65.1kg；偏胖组（BMI 24～27.9）为 4 人，其基本生理信息是：平均年龄 25 岁，平均身高 166.2cm，平均体重 70.2kg。

（2）按摩方式设计　在单一按摩方式优化时，结合试验条件，选取不同按摩方式优化的按摩界面特征和按摩参数，腰部各因素的优化结果如表 6-1 所示，背部各因素的优化结果如表 6-2 所示。根据试验结果，指压按摩时圆柱Ⅲ形和椭圆形的按摩效果非常接近。根据试验条件，为顺利开展试验，指压按摩时按摩头形状由椭圆形代替。选择揉捏按摩、指压按摩和拍打按摩为试验变量，选择酸胀度主观指标以及最高温度和最高温度梯度指标，探寻腰部和背部最优的单一按摩方式。

表 6-1　腰部优化的按摩界面特征和按摩参数

方式	变量					
	按摩头形状	按摩头大小	包覆层厚度/mm	按摩速度/（r/min）	靠背角度/（°）	按摩时长/min
揉捏	椭圆形	椭圆形中	3	20	100	15
指压	圆柱Ⅲ形	椭圆形中	3	120	100	10
拍打	椭圆形	椭圆形中	3	400	120	15

表 6-2　背部优化的按摩界面特征和按摩参数

方式	变量					
	按摩头 形状	按摩头 大小	包覆层 厚度/mm	按摩速度 / (r/min)	靠背角度 / (°)	按摩时长 /min
揉捏	椭圆形	椭圆形中	4	20	120	10
指压	圆柱Ⅲ形	椭圆形中	4	100	120	10
拍打	椭圆形	椭圆形中	2	200	140	10

　　根据前期研究结果和现有试验条件，腰部和背部单一按摩方式优化研究时选择揉捏式、指压Ⅰ型和拍打式 3 种按摩方式。

　　（3）肌电信号测试与采集　为了保证各试验的一致性，按摩全程时间为 15min，测试并记录腰部竖脊肌的肌电信号。在所采集的肌电信号中，选取按摩过程中，腰部在第 0 分钟、第 2 分钟、第 4 分钟、第 6 分钟、第 8 分钟、第 10 分钟、第 12 分钟和第 14 分钟共 8 个时间点，背部在第 80s、第 160 秒、第 240 秒、第 320 秒、第 400 秒、第 480 秒、第 600 秒和第 720 秒共 8 个时间点，分别截取时长为 15s 的肌电信号，且腰部和背部分别选取 8 段肌电信号进行分析处理。按摩开始前，做腰背部的疲劳练习，腰背部疲劳后，进行腰背部按摩，记录按摩全程的肌电信号，分析采用的肌电指标为 iEMG 和 MPF，基本流程如图 6-1 所示。

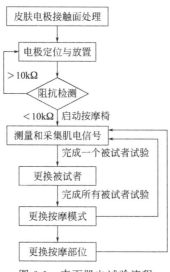

图 6-1　表面肌电试验流程

6.1.1 腰部单一按摩方式对比

6.1.1.1 按摩工效的主观评价

不同的按摩方式所产生的腰部按摩工效是不一样的，根据前文的研究结果，选择揉捏按摩、指压按摩和拍打按摩三种按摩方式，各种按摩方式的按摩界面特征和按摩参数设置如表6-1所示。

先运用 Excel 软件，对酸胀度主观评价试验所采集的数据进行分析整理；然后运用 SPSS 对酸胀度进行单因素方差分析，方差齐性检验结果如表6-3所示，方差分析如表6-4所示，3种不同按摩方式下的酸胀度之间显著性差异两两比较结果如表6-5所示，同时对酸胀度进行描述性统计，其统计结果如表6-6所示。

表6-3 腰部按摩工效的方差齐性检验（单一按摩方式）

Levene 统计量	df1	df2	显著性
0.145	2	27	0.866

从表6-3可以看出，显著性指标（Sig.）的值为0.866，大于0.05，因此认为各组的方差齐次，所以在多重比较时选择齐次的检验方法 LSD。

表6-4 腰部按摩工效的方差分析（单一按摩方式）

项目	平方和	df	均方	F	显著性
组间	0.549	2	0.274	2.722	0.084
组内	2.721	27	0.101		
总数	3.270	29			

从表6-4中可以看出，显著性指标（Sig.）的值为0.084，大于0.05，即假设成立，认为三种单一按摩方式下的酸胀度的均值差异性不显著。

表6-5 腰部按摩工效的多重比较（单一按摩方式）

模式（I）	模式（J）	均值差（I−J）	标准误差	显著性	置信区间95%	
					下限	上限
揉捏	指压	0.1900	0.1420	0.192	−0.101	0.481
	拍打	0.3300[①]	0.1420	0.028	0.039	0.621

模式（I）	模式（J）	均值差$(I-J)$	标准误差	显著性	置信区间95%	
					下限	上限
指压	揉捏	-0.1900	0.1420	0.192	-0.481	0.101
	拍打	0.1400	0.1420	0.333	-0.151	0.431
拍打	揉捏	$-0.3300$①	0.1420	0.028	-0.621	-0.039
	指压	-0.1400	0.1420	0.333	-0.431	0.151

①均值差的显著性水平为 0.05。

从表 6-5 可以看出，由于揉捏按摩与拍打按摩比较的显著性 Sig. 取值为 0.028，小于 0.05，所以认为这两种模式在酸胀度上差异性显著。结合表 6-6 中的酸胀度的均值来看，揉捏按摩的酸胀度的均值高于其他按摩方式的均值。因此，认为揉捏按摩的腰部按摩工效最优，但是三种按摩方式的差异性不显著。

表 6-6　腰部按摩的酸胀度变化描述性统计

模式	均值	标准差	最小值	最大值	全距	均值的标准误差
揉捏	1.070	0.3129	0.6	1.6	1.2	0.0989
指压	0.880	0.3048	0.3	1.5	1.2	0.0964
拍打	0.740	0.3340	0.2	1.3	1.1	0.1056

6.1.1.2　按摩工效的温度试验评价

先运用 Excel 软件，对按摩部位皮肤表面温度试验所采集的数据进行分析整理，得到温度和温度梯度；然后运用 SPSS 进行温度梯度和温度的描述性统计分析，并以最高温度梯度和最高温度来判断按摩工效的优劣。温度和温度梯度描述性统计结果如表 6-7 所示。各时间点的最高温度统计如表 6-8 所示，其变化趋势如图 6-2 所示。

表 6-7　不同单一按摩方式腰部按摩时温度和温度梯度描述性统计

项目	温度梯度（揉捏）/℃	温度梯度（指压）/℃	温度梯度（拍打）/℃	温度（揉捏）/℃	温度（指压）/℃	温度（拍打）/℃
最大值	1.6	1.5	1.1	33.9	33.3	33.1

项目	温度梯度（揉捏）/℃	温度梯度（指压）/℃	温度梯度（拍打）/℃	温度（揉捏）/℃	温度（指压）/℃	温度（拍打）/℃
均值	0.560	0.528	0.412	31.987	31.790	31.700
标准差	0.4052	0.3446	0.3113	1.1349	1.0473	0.8246
均值的标准误差	0.0810	0.0689	0.0623	0.2072	0.1912	0.1506

从表 6-7 可以看出，揉捏按摩、指压按摩和拍打按摩等三种按摩方式各自按摩时的最高温度梯度分别是 1.6℃、1.5℃和 1.1℃，揉捏按摩、指压按摩和拍打按摩等三种按摩方式各自按摩时的最高温度分别是 33.9℃、33.3℃和 33.1℃，所以最高温度梯度和最高温度都出现在揉捏按摩的按摩过程中。

表 6-8　不同单一按摩方式腰部按摩时的最高温度统计

测量时间	温度（揉捏）/℃	温度（指压）/℃	温度（拍打）/℃
第 0 分钟	30.8	30.5	31.0
第 2 分钟	32.4	31.6	31.9
第 4 分钟	33.0	32.2	32.5
第 6 分钟	33.4	32.7	32.7
第 8 分钟	33.7	33.0	32.9
第 10 分钟	33.9	33.3	33.1

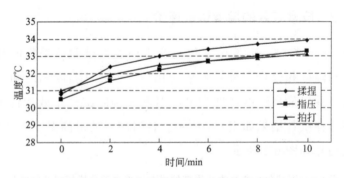

图 6-2　不同单一按摩方式腰部按摩时的最高温度变化趋势

从表 6-8 和图 6-2 可以看出，揉捏按摩时各时间点的最高温度比其他按摩方式都要高一些。因此，从最高温度梯度和最高温度的角度来看，揉捏按摩时腰部按摩工效相对优一些。

因此，综合酸胀度主观评价以及最高温度和最高温度梯度等两方面的分析结果，认为揉捏按摩方式的腰部按摩工效较优，但从酸胀度主观评价的分析结果来看，三种按摩方式的腰部按摩工效的差异性不显著，只有揉捏按摩和拍打按摩之间差异性显著。

6.1.1.3　腰部揉捏按摩的表面肌电试验评价

根据第 2 章的研究结论，表面肌电分析，一般采用时域和频域结合的方法进行研究，所以本部分研究优先选择时域指标表面肌电绝对值积分（iEMG），并结合频域指标平均功率频率（MPF），验证揉捏按摩的腰部按摩工效。

利用表面肌电来分析验证揉捏按摩方式的按摩工效。将采集到的表面肌电信号，运用 EEGlab 等软件模块进行滤波处理，然后截取 15s 时长的 8 段肌电信号，运用 EEGlab 和 Matlab 等软件进行快速傅里叶变换（FFT），最后得到对应的表面肌电绝对值积分（iEMG）和平均功率频率（MPF）的相关数据，并在 Execl 软件中绘制成相应的趋势变化图。表面肌电绝对值积分（iEMG）的变化趋势如图 6-3 所示，平均功率频率（MPF）的变化趋势如图 6-4 所示。

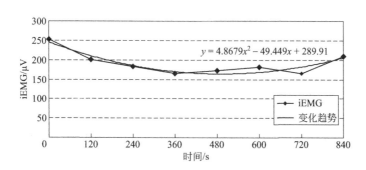

图 6-3　腰部揉捏 iEMG 变化趋势

由图 6-3 可知，在腰部按摩的 15min 里，表面肌电绝对值积分（iEMG）呈现先下降后上升的变化趋势，这表明选择揉捏按摩，可以缓解腰部的肌肉疲劳，即在腰部揉捏按摩时产生了较好的按摩工效。

由图 6-4 可知，平均功率频率（MPF）呈现缓慢上升的变化趋势，这表明揉捏按摩方式对缓解人体腰部肌肉疲劳是有效的，即在腰部揉捏按摩时产生了较好的按摩工效。

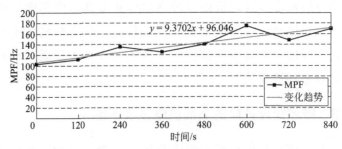

图 6-4　腰部揉捏 MPF 变化趋势

6.1.2　背部单一按摩方式对比

（1）背部按摩工效的主观评价　同理，不同的按摩方式所产生的背部按摩工效是不一样的，因此选择揉捏按摩方式、指压按摩方式和拍打按摩方式三种单一按摩方式，优化的按摩界面特征和按摩参数设置如表 6-2 所示。

先运用 Excel 软件，对酸胀度主观评价试验所采集的数据进行分析整理；然后运用 SPSS 对酸胀度进行单因素方差分析，方差齐性检验结果如表 6-9 所示，方差分析如表 6-10 所示，3 种不同按摩方式下的酸胀度之间显著性差异两两比较结果如表 6-11 所示，同时对酸胀度进行描述性统计，其统计结果如表 6-12 所示。

表 6-9　背部按摩工效的方差齐性检验（单一按摩方式）

Levene 统计量	df1	df2	显著性
0.519	2	27	0.601

从表 6-9 可以看出，显著性指标（Sig.）的值为 0.601，大于 0.05，所以认为各组的方差齐次，所以在多重比较时，选择检验方法是齐次的 LSD。

表 6-10　背部按摩工效的方差分析（单一按摩方式）

项目	平方和	df	均方	F	显著性
组间	0.702	2	0.351	1.649	0.211
组内	5.746	27	0.213		
总数	6.448	29			

从表 6-10 可以看出，显著性指标（Sig.）的值为 0.211，大于 0.05，即假设成立，认为各按摩方式下的酸胀度的均值差异性不显著。

表 6-11　背部按摩工效的多重比较

模式（I）	模式（J）	均值差（I－J）	标准误差	显著性	置信区间95％	
					下限	上限
揉捏	指压	−0.0900	0.2063	0.666	−0.513	0.333
	拍打	0.2700	0.2063	0.202	−0.153	0.693
指压	揉捏	0.0900	0.2063	0.666	−0.333	0.513
	拍打	0.3600	0.2063	0.092	−0.063	0.783
拍打	揉捏	−0.2700	0.2063	0.202	−0.693	0.153
	指压	−0.3600	0.2063	0.092	−0.783	0.063

注：均值差的显著性水平为 0.05。

从表 6-11 可以看出，三种按摩方式在背部按摩的酸胀度差异性不显著。结合表 6-12 中的酸胀度的均值来看，指压按摩的酸胀度的均值比其他按摩方式的均值高。因此，可以认为指压按摩方式的背部按摩工效最优，但是三种按摩方式的差异性不显著。

表 6-12　背部按摩的酸胀度变化描述性统计

模式	均值	标准差	最小值	最大值	全距	均值的标准误差
揉捏	0.880	0.5827	−0.5	1.5	2.0	0.1843
指压	0.970	0.3335	0.5	1.5	1.0	0.1055
拍打	0.610	0.4332	0	1.4	1.4	0.1370

（2）背部按摩工效的温度试验评价　先运用 Excel 软件，对按摩部位皮肤表面温度试验所采集的数据进行分析整理，得到温度和温度梯度；然后运用 SPSS 进行温度梯度和温度的描述性统计分析，并以最高温度梯度和最高温度来判断相对较优的按摩工效。温度和温度梯度描述性统计结果如表 6-13 所示。各时间点的最高温度统计如表 6-14 所示，其变化趋势如图 6-5 所示。

表 6-13　不同单一按摩方式背部按摩时的温度和温度梯度描述性统计

项目	温度梯度（揉捏）/℃	温度梯度（指压）/℃	温度梯度（拍打）/℃	温度（揉捏）/℃	温度（指压）/℃	温度（拍打）/℃
最大值	1.5	1.5	1.2	33.6	33.8	33.5
均值	0.528	0.554	0.492	31.807	31.600	31.493
标准差	0.3932	0.3316	0.2914	0.9958	1.1474	1.0651
均值的标准误差	0.0786	0.0627	0.0583	0.1818	0.2095	0.1945

从表 6-13 可以看出，揉捏按摩、指压按摩和拍打按摩等三种按摩方式各自按摩时的最高温度梯度分别是 1.5℃、1.5℃和 1.2℃，揉捏按摩、指压按摩和拍打按摩等三种按摩方式各自按摩时的最高温度分别是 33.6℃、33.8℃和 33.5℃，所以最高温度梯度同时出现在揉捏和指压两种模式的按摩过程中，最高温度出现在指压按摩方式的按摩过程中。

表 6-14　不同单一按摩方式背部按摩时的最高温度统计

测量时间	温度（揉捏）/℃	温度（指压）/℃	温度（拍打）/℃
第 0 分钟	30.3	30.4	30.4
第 2 分钟	31.7	31.9	31.6
第 4 分钟	32.5	32.7	32.4
第 6 分钟	33.0	33.2	32.9
第 8 分钟	33.3	33.5	33.2
第 10 分钟	33.6	33.8	33.5

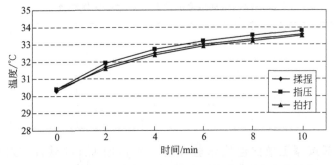

图 6-5　不同单一按摩方式背部按摩时的最高温度变化趋势

从表 6-14 和图 6-5 中可以看出，指压按摩时各时间点的最高温度比其他按摩方式都要高一些。因此，从最高温度梯度和最高温度的角度来看，指压按摩时的背部按摩工效相对优一些。

因此，综合酸胀度主观评价试验以及最高温度和最高温度梯度等两方面的分析结果，认为指压按摩时背部按摩工效最优，但是从酸胀度主观评价的分析结果来看，三种按摩方式产生的背部按摩工效的差异性不显著。

（3）背部指压按摩的表面肌电试验评价　将背部指压按摩时肌电信号分析后，得到表面肌电绝对值积分（iEMG）和平均功率频率（MPF）的相关数据，在 Execl 软件中绘制成相应的趋势变化图。表面肌电绝对值积分

（iEMG）的变化趋势如图 6-6 所示，平均功率频率（MPF）的变化趋势如图
6-7 所示。

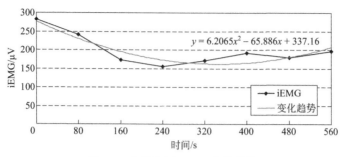

图 6-6　背部指压 iEMG 变化趋势

从图 6-6 可以看出，在背部按摩的 10min 里，表面肌电绝对值积分
（iEMG）总体趋势是先下降后上升，这表明指压按摩时背部的肌肉得到了放
松，即指压按摩产生了较好的背部按摩工效。

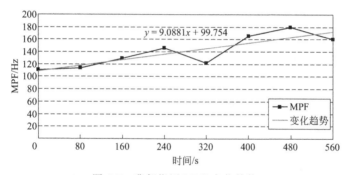

图 6-7　背部指压 MPF 变化趋势

从图 6-7 可以看出，平均功率频率（MPF）交替式上升，总体处于上升
趋势，这同样说明背部指压按摩时其肌肉得到了放松，即指压按摩产生了较
好的背部按摩工效。

6.1.3　分析与讨论

① 通过酸胀度主观评价以及最高温度和最高温度梯度等指标分析可知，
腰部按摩工效较优的单一按摩方式是揉捏按摩，其中与拍打按摩方式差异性
显著，但是，三种按摩方式之间的差异性不显著；背部按摩工效较优的单一
模式是指压按摩，但是三种按摩方式之间的差异性不显著。

② 通过表面肌电试验，从时域指标表面肌电绝对值积分（iEMG）和频域指标平均功率频率（MPF）角度，分析验证了揉捏按摩在腰部和指压按摩在背部产生了较优的按摩工效。

根据以上研究结果，作以下分析讨论：

① 腰部最优的单一按摩方式是揉捏按摩　与背部相比，腰部的脂肪层相对较厚，产生相同的按摩工效，所需的按摩力量也相应会大一些。按摩椅按摩时，揉捏按摩的按摩力量相对较大，拍打按摩的按摩力量较小，所以在腰部按摩时，揉捏按摩的按摩工效最优，且与拍打按摩的按摩工效差异性显著。

邵婷婷从按摩转速、按摩时间和覆面材料等方面研究了机械定点揉捏按摩的按摩工效，并可获得较好的按摩椅揉捏工效，但是缺少对揉捏、指压和拍打按摩工效的比较分析，现研究结论更具针对性。

② 背部最优的单一按摩方式是指压按摩　在背部按摩时，可能揉捏按摩的作用力相对较大，指压按摩的按摩力量和作用方式更适合背部按摩。但是，三种按摩方式的按摩工效的差异性不显著，所以后续还可深入分析研究，探寻更深层次的原因。

背部按摩优化的按摩方式为指压按摩方式，这与 Daniele 等研究结果相类似，该研究团队的研究结果表明指压按摩能够缓解背部肌肉疲劳和人体精神紧张，而拍打按摩的效果不明显。

6.2　组合按摩方式的按摩舒适度对比

根据传统按摩理论、预试验结果、第 2 章的研究结论，按摩舒适度主观评价、脑电 P3 和 P4 电极的 θ 波和 α 波所占比例等指标是研究按摩舒适度的有效指标。因此，通过舒适度主观评价法（CS）和脑电试验（EEG），选择按摩舒适度、脑电 P3 和 P4 电极的 θ 波所占比例等指标，研究不同组合按摩方式下不同体型人群的按摩舒适度。

根据按摩椅企业的设计建议、预试验的结果和现有试验条件，在组合按摩方式的按摩舒适度比较研究时，设计揉捏-指压-拍打（简称组合方式 1）、指压-拍打-揉捏（简称组合方式 2）和拍打-揉捏-指压（简称组合方式 3）三种基本的组合按摩方式，以及偏瘦、正常和偏胖三种不同体型人群的被试者。

其中，三种组合方式的按摩总时长均为 12min。

（1）**脑电信号采集** 脑电信号的测量，采用脑电仪记录。在试验前，告知被试者脑电试验的注意事项和要求，熟悉试验基本流程。试验时长为 12min，记录按摩全程的脑电信号，在按摩开始时、按摩 1min、3min、5min、7min、9min、11min 和按摩结束后共 8 个时间点上，分析各类脑电所占比例，研究其按摩舒适度。脑电试验基本流程如图 6-8 所示。

（2）**按摩舒适度主观评价** 按摩舒适度测量，主要采用主观评价法。在试验前，告知被试者评价的基本标准和注意事项，熟悉评价的流程和要求。试验时长为 12min，在试验时，按摩开始时先评价一次，然后在 1min 时评价 1 次，接下来每隔 2min 评价 1 次，最后按摩结束后评价 1 次，共记录 8 次舒适度评价。按摩舒适度主观评价基本流程如图 6-8 所示。

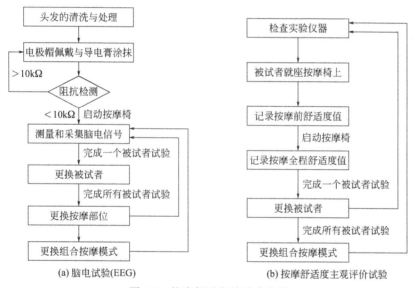

图 6-8　按摩舒适度的试验流程

6.2.1　组合按摩方式与偏瘦人群的按摩舒适度

6.2.1.1　不同组合按摩方式对偏瘦人群腰部按摩舒适度的影响

（1）**按摩舒适度的脑电试验（EEG）评价** 运用 Analyzer 2.0 分析软件和 Excel 等软件，将试验采集到的偏瘦人群脑电 P3 电极的 θ 波和 α 波进行分析处理，绘制出组合方式 1、组合方式 2 和组合方式 3 三种组合方式的 θ 波和

α 波所占比例的变化趋势图，θ 脑电波的趋势如图 6-9 所示，α 脑电波的趋势如图 6-10 所示。

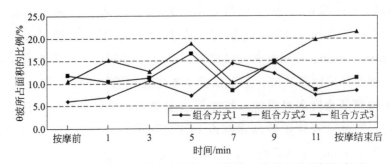

图 6-9　P3 电极的 θ 波所占比例的变化趋势（偏瘦人群腰部按摩时）

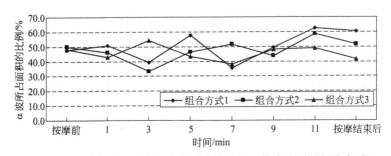

图 6-10　P3 电极的 α 波所占比例的变化趋势（偏瘦人群腰部按摩时）

由图 6-9 和图 6-10 可以看出，偏瘦人群在不同组合按摩方式下腰部按摩过程中脑电 P3 电极的 θ 波和 α 波所占比例变化趋势是不同的。

① 偏瘦体型人群在组合方式 1 下，θ 波所占比例是先上升后下降，α 波所占比例是先下降后上升，这表明在组合方式 1 腰部按摩时，偏瘦人群的身体和精神呈放松后清醒状态。

② 偏瘦体型人群在组合方式 2 下，θ 波所占比例是先上升后下降，但变化趋势平缓，α 波所占比例是先下降后上升，这表明在组合方式 2 腰部按摩时，偏瘦人群的身体和精神呈先放松后清醒状态。

③ 偏瘦体型人群在组合方式 3 下，θ 波所占比例是交替上升，α 波所占比例是交替下降，且 α 波变化趋势平缓，这表明组合方式 3 腰部按摩时，偏瘦人群的身体和精神呈放松状态。

④ 通过不同组合方式对比发现，偏瘦人群腰部按摩时，组合方式 3 的按摩舒适度最好。

同理，运用 Analyzer 2.0 分析软件和 Excel 等软件，对偏瘦人群按摩过程的 P4 电极的脑电波进行分析处理，绘制出组合方式 1、组合方式 2 和组合方式 3 三种组合方式的 θ 波和 α 波所占比例的变化趋势图，如图 6-11 和图 6-12 所示。

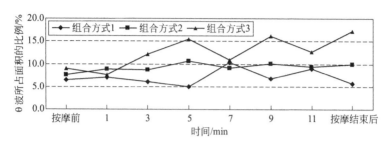

图 6-11　P4 电极的 θ 波所占比例的变化趋势（偏瘦人群腰部按摩时）

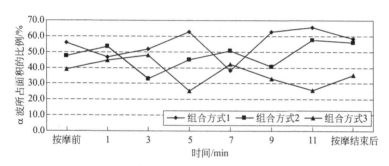

图 6-12　P4 电极的 α 波所占比例的变化趋势（偏瘦人群腰部按摩时）

由图 6-11 和图 6-12 可以看出，偏瘦人群在不同组合方式腰部按摩时脑电 P4 电极的 θ 波和 α 波所占比例变化趋势是不同的；与 P3 电极对比，其基本变化趋势一致，但是有的变化幅度不尽相同。

① 与 P3 电极相比，偏瘦人群在组合方式 1 和组合方式 2 下，P4 电极的 θ 波所占比例变化幅度相对平缓，而 α 波所占比例变化幅度相对明显。

② 与 P3 电极相比，偏瘦人群在组合方式 3 下，P4 电极的 α 波变化趋势基本一致，但变化幅度相对大一点。

综合 P3 和 P4 电极 θ 波和 α 波所占比例变化趋势分析结果，可以看出偏瘦人群在不同组合方式下腰部按摩时，组合方式 1 的按摩舒适度先上升后下降，组合方式 2 的按摩舒适度也是先上升后下降，组合方式 3 的按摩舒适度交替上升。

（2）按摩舒适度主观评价　运用 Excel 软件，将试验得到的三种组合方式的按摩舒适度主观评价值进行统计分析，其变化趋势如图 6-13 所示。

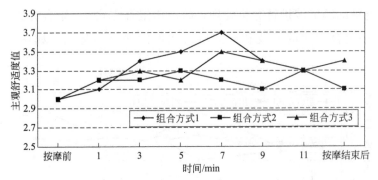

图 6-13　按摩舒适度主观评价变化趋势（偏瘦人群腰部按摩时）

由图 6-13 可知，偏瘦人群在组合按摩方式 1 下腰部按摩时的按摩舒适度变化趋势先上升后下降，组合方式 2 的按摩舒适度变化趋势也是先上升后下降，而组合方式 3 的按摩舒适度变化趋势交替上升，这与脑电分析结论一致。

6.2.1.2　不同组合按摩方式对偏瘦人群背部按摩舒适度的影响

（1）按摩舒适度的脑电试验（EEG）评价　运用 Analyzer 2.0 分析软件和 Excel 等软件，对偏瘦人群按摩过程中采集到的脑电 P3 电极的 θ 波和 α 波进行分析处理，绘制出组合方式 1、组合方式 2 和组合方式 3 三种组合方式的 θ 波和 α 波所占比例的变化趋势图，θ 脑电波的趋势如图 6-14 所示，α 脑电波的趋势如图 6-15 所示。

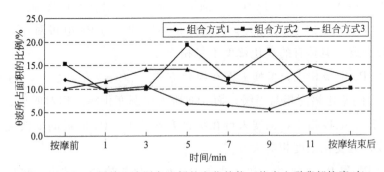

图 6-14　P3 电极的 θ 波所占比例的变化趋势（偏瘦人群背部按摩时）

由图 6-14 和图 6-15 可以看出，偏瘦人群在不同组合方式背部按摩时脑电 P3 电极的 θ 波和 α 波所占比例变化趋势不一样。

① 偏瘦体型人群在组合方式 1 下，θ 波所占比例是先下降后上升，α 波所占比例是先上升后下降，但 α 波变化趋势平缓，这表明偏瘦人群在组合方式 1 背部按摩时，身体和精神先逐渐清醒后逐步放松。

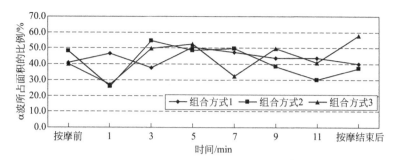

图 6-15　P3 电极的 α 波所占比例的变化趋势（偏瘦人群背部按摩时）

② 偏瘦体型人群在组合方式 2 下，θ 波所占比例是先上升后下降，α 波所占比例是先上升后下降，这表明在组合方式 2 进行背部按摩时，偏瘦人群的身体和精神先逐渐放松后逐步清醒。

③ 偏瘦体型人群在组合方式 3 下，θ 波所占比例是先上升后下降，但变化趋势平缓，α 波所占比例是交替上升，这表明在组合方式 3 进行背部按摩时，偏瘦人群的身体和精神先逐渐放松后逐步清醒。

④ 通过不同组合方式的对比发现，偏瘦人群背部按摩舒适度差别不明显。

同理，运用 Analyzer 2.0 分析软件和 Excel 等软件，对偏瘦人群背部按摩过程中采集的脑电 P4 电极信号进行分析处理，绘制出组合方式 1、组合方式 2 和组合方式 3 三种组合方式的 θ 波和 α 波所占比例的变化趋势图，如图 6-16 和图 6-17 所示。

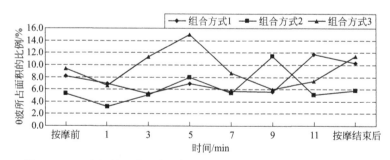

图 6-16　P4 电极的 θ 波所占比例的变化趋势（偏瘦人群背部按摩时）

由图 6-16 和图 6-17 可以看出，偏瘦人群在不同组合方式背部按摩时脑电 P4 电极的 θ 波和 α 波所占比例变化趋势是不同的，与 P3 电极对比发现，变化趋势基本一致，但存在差别。

① 与 P3 电极相比，偏瘦人群在组合方式 1 下，P4 电极 θ 波所占比例变化趋势基本一致，变化幅度也基本一致。

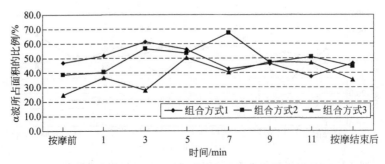

图 6-17　P4 电极的 α 波所占比例的变化趋势（偏瘦人群背部按摩时）

② 与 P3 电极相比，偏瘦人群在组合方式 1 下，P4 电极的 α 波所占比例变化趋势是交替下降，而 P3 的 α 波所占比例先上升后下降，但是趋势平缓。

③ 与 P3 电极相比，偏瘦人群在组合方式 2 下，P4 电极的 θ 波和 α 波所占比例变化趋势基本一致。

④ 与 P3 电极相比，偏瘦人群在组合方式 3 下，P4 电极的 θ 波所占比例变化趋势基本一致，但变化趋势相对大一点。

综合 P3 和 P4 电极 θ 波和 α 波所占比例变化趋势分析结果，可以看出在组合方式 1 下偏瘦人群背部按摩时的按摩舒适度先下降后上升，在组合方式 2 下偏瘦人群背部按摩时的按摩舒适度先上升后下降，在组合方式 3 下偏瘦人群的按摩舒适度也是先上升后下降。

（2）按摩舒适度主观评价　运用 Excel 软件，将试验得到的三种组合方式的按摩舒适度主观评价值进行统计分析，其变化趋势如图 6-18 所示。

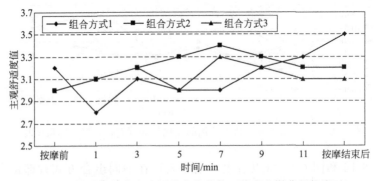

图 6-18　按摩舒适度主观评价变化趋势（偏瘦人群背部按摩时）

由图 6-18 可知，在组合方式 1 下偏瘦人群背部按摩时的按摩舒适度变化趋势先下降后上升；在组合方式 2 下偏瘦人群背部按摩时的按摩舒适度变化趋势先上升后下降；在组合方式3下偏瘦人群背部按摩时的按摩舒适度变化趋势先上升后下降，不同组合方式的按摩舒适度主观评价结果与脑电分析结论总体上一致。

6.2.1.3　结果与讨论

按摩舒适度主观评价结果与脑电分析结论基本一致。通过对比发现，不同组合方式下偏瘦人群腰部按摩时，组合方式3的按摩舒适度最好；背部按摩时，不同组合方式的按摩舒适度差别不明显。

根据以上研究结果，作以下分析讨论：

① 偏瘦体型人群在组合方式3下，θ波所占比例是交替上升，α波所占比例是交替下降，α波变化趋势平缓，这表明组合方式3腰部按摩时，偏瘦人群的身体和精神呈放松状态。

② 偏瘦人群的脂肪厚度较薄，所以不同组合方式在背部按摩时，按摩舒适度波动相对较大，整体的按摩舒适度差别就不明显了；而腰部的脂肪厚度比背部稍厚，拍打按摩的按摩力量相对适应偏瘦人群背部的按摩舒适度，组合按摩方式3开始按摩时为拍打按摩，所以按摩一开始按摩舒适度就较好，整体按摩舒适度相对优。

③ 拍打-揉捏-指压组合按摩方式在偏瘦人群腰部按摩时的按摩舒适度最好。拍打-揉捏-指压组合按摩方式（组合按摩方式3）在偏瘦人群腰部按摩时，按摩的力度与偏瘦人群的腰部按摩相匹配，所以其按摩的舒适度就好，这与Diego等运用脑电图进行适度按摩、轻度按摩和振动刺激按摩三种方式缓解压力与焦虑的研究结果基本一致。其研究结果表明，适度按摩时的焦虑指标降低最快，并且α波降低，身体处于放松状况，其他按摩方式作用效果相对不明显。

6.2.2　组合按摩方式与正常人群的按摩舒适度

6.2.2.1　不同组合按摩方式对正常人群腰部按摩舒适度的影响

（1）按摩舒适度的脑电试验（EEG）评价　运用 Analyzer 2.0 和 Excel 等软件，对正常人群腰部按摩过程中采集的 P3 电极的 θ 波和 α 波进行分析处理，绘制出组合方式1、组合方式2和组合方式3三种组合方式的 θ 波和 α 波所占比例的变化趋势图。θ脑电波的趋势如图 6-19 所示，α脑电波的趋势如图 6-20 所示。

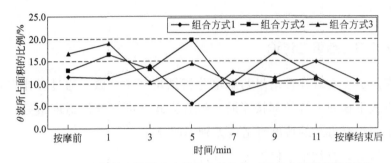

图 6-19　P3 电极的 θ 波所占比例的变化趋势（正常人群腰部按摩时）

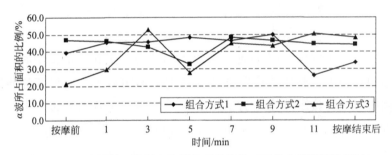

图 6-20　P3 电极的 α 波所占比例的变化趋势（正常人群腰部按摩时）

由图 6-19 和图 6-20 可以看出，不同组合方式下正常人群腰部按摩时脑电 P3 电极的 θ 波和 α 波所占比例变化趋势是不同的。

① 在组合方式 1 下，正常体型人群 θ 波所占比例是先下降后上升，但变化趋势平缓，α 波所占比例是先上升后下降，变化趋势较平缓，这表明在组合方式 1 下腰部按摩时，正常人群的身体和精神呈先清醒后放松状态。

② 在组合方式 2 下，正常体型人群 θ 波所占比例是交替下降的，α 波所占比例是先下降后上升，且 α 波变化趋势不明显，这表明在组合方式 2 下腰部按摩时，正常人群的身体和精神呈清醒状态。

③ 在组合方式 3 下，正常体型人群 θ 波所占比例是交替下降的，α 波所占比例是交替上升的，这表明在组合方式 3 下腰部按摩时，正常人群的身体和精神呈清醒状态。

④ 通过不同组合方式的对比发现，正常人群腰部按摩时，不同组合方式的按摩舒适度差别不太明显。

同理，运用 Analyzer 2.0 分析软件和 Excel 等软件，对正常人群腰部按摩过程中采集的脑电 P4 电极信号进行分析处理，绘制出组合方式 1、组合方式 2 和组合方式 3 三种组合方式的 θ 波和 α 波所占比例的变化趋势图，如图 6-21 和图 6-22 所示。

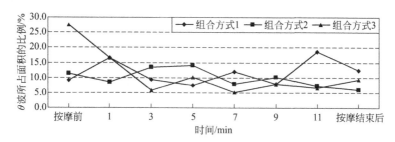

图 6-21　P4 电极的 θ 波所占比例的变化趋势（正常人群腰部按摩时）

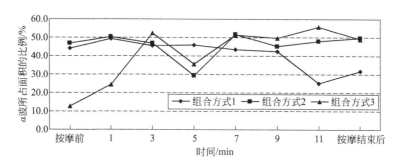

图 6-22　P4 电极的 α 波所占比例的变化趋势（正常人群腰部按摩时）

由图 6-21 和图 6-22 可以看出，不同组合方式下正常人群腰部按摩时脑电 P4 电极的 θ 波和 α 波所占比例变化趋势是不同的，与 P3 电极对比基本变化趋势一致，变化幅度不完全一样。

① 与 P3 电极相比，在组合方式 1 下，正常体型人群 P4 电极 θ 波所占比例变化幅度相对平缓，α 波所占比例变化幅度也是如此。

② 与 P3 电极相比，在组合方式 2 下，正常体型人群 P4 的 θ 波所占比例先稍上升后下降，且以下降为主，与 P3 的交替下降趋势存在一定差别。

③ 与 P3 电极相比，在组合方式 3 下，正常体型人群 P4 的 θ 波所占比例变化趋势为先下降后略有上升，且以下降为主，刚开始下降的幅度较大，与 P4 的 θ 波交替下降趋势存在差异。

综合 P3 和 P4 电极 θ 波和 α 波所占比例变化趋势分析结果，在组合方式 1 下正常人群腰部按摩时的按摩舒适度先下降后上升；在组合方式 2 下正常人群腰部按摩时的按摩舒适度交替下降；在组合方式 3 下正常人群腰部按摩时的按摩舒适度交替下降。

（2）**按摩舒适度主观评价**　运用 Excel 软件，将试验得到的三种组合方式的按摩舒适度主观评价值进行统计分析，其变化趋势如图 6-23 所示。

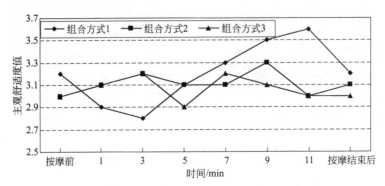

图 6-23　按摩舒适度主观评价变化趋势（正常人群腰部按摩时）

由图 6-23 可知，不同组合方式下正常人群腰部按摩时，在组合方式 1 下正常人群的按摩舒适变化趋势先下降后上升，这与脑电结果一致；在组合方式 2 下正常人群的按摩舒适变化趋势先上升后下降，而正常人群脑电分析结果是交替下降，这与按摩后半程的按摩舒适度主观评价是一致的；在组合方式 3 下正常人群的按摩舒适变化趋势交替下降，这与脑电分析结论一致。

6.2.2.2　不同组合按摩方式对正常人群背部按摩舒适度的影响

（1）**按摩舒适度的脑电试验（EEG）评价**　运用 Analyzer 2.0 分析软件和 Excel 等软件，对正常人群背部按摩过程中采集的脑电 P3 电极的 θ 波和 α 波进行分析处理，绘制出组合方式 1、组合方式 2 和组合方式 3 三种组合方式的 θ 波和 α 波所占比例的变化趋势图。θ 脑电波的趋势如图 6-24 所示，α 脑电波的趋势如图 6-25 所示。

由图 6-24 和图 6-25 可以看出，正常人群在不同组合方式背部按摩时脑电 P3 电极的 θ 波和 α 波所占比例变化趋势不同。

① 在组合方式 1 下，正常体型人群 P3 电极的 θ 波所占比例变化趋势是交替上升，α 波所占比例趋势是下降，但是下降趋势平缓，这表明在组合方式 1 下背部按摩时，正常人群的身体和精神呈逐渐放松状态。

② 在组合方式 2 下，正常体型人群 P3 电极的 θ 波所占比例变化趋势是交替下降，α 波所占比例趋势是交替上升，这表明在组合方式 2 下背部按摩时，正常人群的身体和精神呈清醒状态。

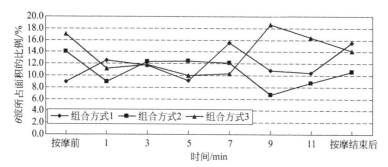

图 6-24　P3 电极的 θ 波所占比例的变化趋势（正常人群背部按摩时）

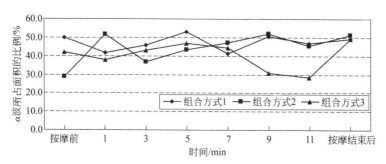

图 6-25　P3 电极的 α 波所占比例的变化趋势（正常人群背部按摩时）

③ 在组合方式 3 下，正常体型人群 P3 电极的 θ 波所占比例变化趋势是先下降后上升，α 波所占比例趋势是先上升后下降，这表明在组合方式 3 下背部按摩时，正常人群的身体和精神呈先清醒后放松状态。

④ 通过对比发现，正常人群背部按摩时，组合方式 1 的按摩舒适度最好。

同理，运用 Analyzer 2.0 分析软件和 Excel 等软件，对正常人群背部按摩过程中采集的 P4 电极脑电信号进行分析处理，绘制出组合方式 1、组合方式 2 和组合方式 3 三种组合方式的 θ 波和 α 波所占比例的变化趋势图，如图6-26 和图 6-27 所示。

由图 6-26 和图 6-27 可以看出，不同组合方式下正常人群背部按摩时脑电 P4 电极的 θ 波和 α 波所占比例变化趋势是不同的，与 P3 电极对比发现，基本变化趋势一致，但也有不同之处。

① 与 P3 电极相比，在组合方式 1 下，正常人群 P4 电极 θ 波所占比例变化趋势基本一致，变化幅度也基本一致。

② 与 P3 电极相比，在组合方式 2 下，正常人群 P4 电极 θ 波和 α 波所占比例变化趋势基本一致，但变化趋势相对平缓。

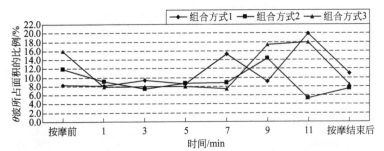

图 6-26　P4 电极的 θ 波所占比例的变化趋势（正常人群背部按摩时）

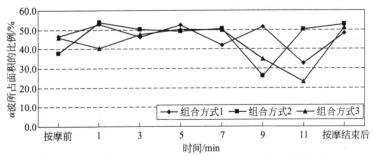

图 6-27　P4 电极的 α 波所占比例的变化趋势（正常人群背部按摩时）

③ 与 P3 电极相比，在组合方式 3 下，正常人群 P4 电极 θ 波变化趋势一致，但 P4 的 θ 波变化趋势相对平缓。

综合 P3 和 P4 电极 θ 波和 α 波所占比例变化趋势分析结果，在组合方式 1 下正常人群背部按摩时的按摩舒适度交替上升；在组合方式 2 下，正常人群背部按摩时的按摩舒适度交替下降；在组合方式 3 下，正常人群背部按摩时的按摩舒适度先下降后上升。

（2）按摩舒适度主观评价　运用 Excel 软件，将试验得到的三种组合方式的按摩舒适度主观评价值进行统计分析，其变化趋势如图 6-28 所示。

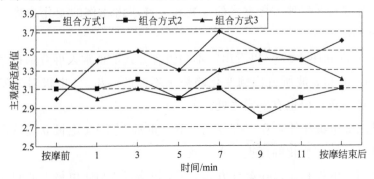

图 6-28　按摩舒适度主观评价变化趋势（正常人群背部按摩时）

由图 6-28 可知，在组合方式 1 下，正常人群背部按摩时的按摩舒适度交替逐渐上升，这与脑电分析结果一致；在组合方式 2 下，正常人群背部按摩时的按摩舒适度交替逐渐下降，这与脑电分析结论一致；在组合方式 3 下，正常人群背部按摩时的按摩舒适度先下降后上升，与脑电分析结论一致。

6.2.2.3 结果与讨论

脑电分析结论与按摩舒适度主观评价结果基本一致。通过对比发现，在不同组合按摩方式下，正常人群腰部按摩时，三种组合方式的按摩舒适度差别不明显；背部按摩时，组合方式 1 的摩舒适度最好。

根据以上研究结果，作以下分析讨论：

① 在组合方式 1 下，正常体型人群 P3 电极的 θ 波所占比例变化趋势是交替上升，α 波所占比例趋势是下降，但是下降趋势平缓，这表明在组合方式 1 下腰部按摩时，正常人群的身体和精神呈逐渐放松状态。

② 正常人群对不同组合按摩方式腰部按摩时的按摩舒适度呈现波动下降趋势，可能是按摩刚开始时揉捏、指压对按摩刺激明显，舒适度差，而且保持的时间较长，也可能是试验存在一定误差。在正常人群背部按摩时，组合方式 1 的按摩舒适度交替上升，这种组合方式适合背部按摩。

③ 揉捏-指压-拍打组合按摩方式在正常人群背部按摩时的按摩舒适度最好。揉捏-指压-拍打组合按摩方式（组合方式 1）在正常人群背部按摩时，按摩的力度与正常人群的背部按摩相匹配，所以其按摩的舒适度就好，这与 Diego 等的研究结果基本一致。其研究结果表明，适度按摩时的焦虑指标降低最快，并且 α 波降低，身体处于放松状况，其他按摩方式作用效果相对不明显。

6.2.3 组合按摩方式与偏胖人群的按摩舒适度

6.2.3.1 不同组合按摩方式对偏胖人群腰部按摩舒适度的影响

（1）按摩舒适度的脑电试验（EEG）评价 运用 Analyzer 2.0 分析软件和 Excel 等软件，对偏胖人群腰部按摩过程中采集的脑电 P3 电极的 θ 波和 α 波进行分析处理，绘制出组合方式 1、组合方式 2 和组合方式 3 三种组合方式的 θ 波和 α 波所占比例的变化趋势图。θ 脑电波的趋势如图 6-29 所示，α 脑电波的趋势如图 6-30 所示。

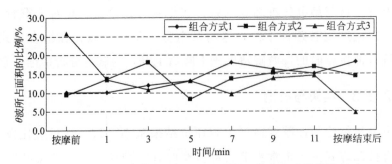

图 6-29　P3 电极 θ 波所占比例的变化趋势（偏胖人群腰部按摩时）

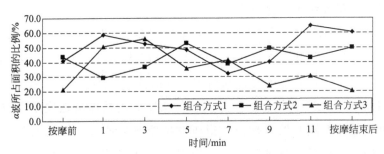

图 6-30　P3 电极 α 波所占比例的变化趋势（偏胖人群腰部按摩时）

由图 6-29 和图 6-30 可以看出，在不同组合方式下，偏胖人群腰部按摩时脑电 P3 电极的 θ 波和 α 波所占比例变化趋势是不同的。

① 在组合方式 1 下，偏胖体型人群 θ 波所占比例交替上升，α 波所占比例是先下降后上升，这表明在组合方式 1 下腰部按摩时，偏胖人群的身体和精神呈放松状态。

② 在组合方式 2 下，偏胖体型人群 θ 波所占比例交替上升，α 波所占比例是先下降后略上升，这表明在组合方式 2 下腰部按摩时，偏胖人群的身体和精神呈逐渐放松状态。

③ 在组合方式 3 下，偏胖体型人群 θ 波所占比例先下降后上升，α 波所占比例是先上升后下降，这表明在组合方式 3 下腰部按摩时，偏胖人群的身体和精神呈先清醒后逐渐放松状态。

④ 通过对比发现，偏胖人群在不同组合方式下腰部按摩时，组合方式 1 和组合方式 2 的按摩舒适度相对较好。

同理，运用 Analyzer 2.0 分析软件和 Excel 等软件，对偏胖人群腰部按摩过程中采集的 P4 电极脑电信号进行分析处理，绘制出组合方式 1、组合方式 2 和组合方式 3 三种组合方式的 θ 波和 α 波所占比例的变化趋势图，如图 6-31 和图 6-32 所示。

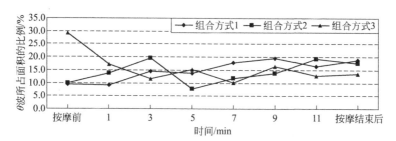

图 6-31　P4 电极的 θ 波所占比例的变化趋势（偏胖人群腰部按摩时）

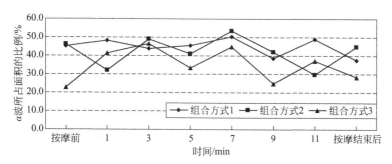

图 6-32　P4 电极的 α 波所占比例的变化趋势（偏胖人群腰部按摩时）

由图 6-31 和图 6-32 可以看出，在不同组合方式下，偏胖人群腰部按摩时脑电 P4 电极的 θ 波和 α 波所占比例变化趋势是不同的，与 P3 电极对比变化趋势基本一致，也有差别。

① 与 P3 电极相比，在组合方式 1 下，偏胖体型人群 P4 的 θ 波变化趋势和幅度基本一致，变化趋势平缓，但 α 波所占比例交替下降。

② 与 P3 电极相比，在组合方式 2 下，偏胖体型人群 P4 的 α 波变化趋势交替下降，且变化趋势平缓，而 P3 的 α 波变化趋势是先下降后略上升。

③ 与 P3 电极相比，在组合方式 3 下，偏胖体型人群 P4 的 α 波变化趋势基本一致，但变化幅度相对小一点。

综合 P3 和 P4 电极 θ 和 α 所占比例变化趋势分析结果，在组合方式 1 下，偏胖人群腰部按摩时的按摩舒适度交替上升；在组合方式 2 下，偏胖人群腰部按摩时的按摩舒适度交替上升；在组合方式 3 下，偏胖人群腰部按摩时的按摩舒适度先下降后上升。

（2）按摩舒适度主观评价　运用 Excel 软件，将试验得到的三种组合方式的按摩舒适度主观评价值进行统计分析，其变化趋势如图 6-33 所示。

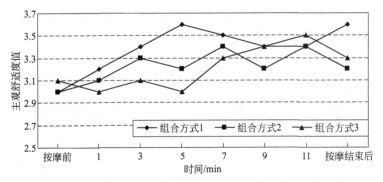

图6-33 按摩舒适度主观评价变化趋势（偏胖人群腰部按摩时）

由图6-33可知，在组合方式1和组合方式2下偏胖人群的按摩舒适度变化趋势都是交替上升；在组合方式3下偏胖人群的按摩舒适度变化趋势先下降后上升，三种组合方式的主观评价结果与脑电分析结论基本一致。

6.2.3.2 不同组合按摩方式对偏胖人群背部按摩舒适度的影响

（1）按摩舒适度的脑电试验（EEG）评价 运用 Analyzer 2.0 分析软件和 Excel 等软件，对偏胖人群背部按摩过程中采集的脑电 P3 电极的 θ 波和 α 波进行分析处理，绘制出组合方式1、组合方式2和组合方式3三种组合方式的 θ 波和 α 波所占比例的变化趋势图。θ 脑电波的趋势如图 6-34 所示，α 脑电波的趋势如图 6-35 所示。

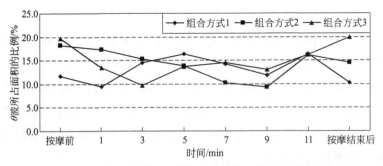

图6-34 P3 电极的 θ 波所占比例的变化趋势（偏胖人群背部按摩时）

由图 6-34 和图 6-35 可以看出，偏胖人群在不同组合方式背部按摩时脑电 P3 电极的 θ 波和 α 波所占比例变化趋势不同。

① 在组合方式1下，偏胖体型人群 θ 波所占比例趋势先上升后下降，但变化不明显，α 波所占比例先下降后上升，同样变化趋势平缓，这表明在组合方式1背部按摩时，偏胖人群的身体和精神先逐渐放松后逐步清醒。

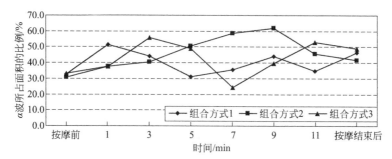

图 6-35 P3 电极的 α 波所占比例的变化趋势（偏胖人群背部按摩时）

② 在组合方式 2 下，偏胖体型人群 θ 波所占比例趋势先下降后上升，α 波所占比例先上升后下降，这表明在组合方式 2 背部按摩时，偏胖人群的身体和精神先逐渐清醒后逐步放松。

③ 在组合方式 3 下，偏胖体型人群 θ 波所占比例趋势先下降后上升，α 波所占比例交替上升，且变化趋势平缓，这表明在组合方式 3 背部按摩时，偏胖人群的身体和精神先逐渐清醒后逐步放松。

④ 通过对比发现，偏胖人群在不同组合方式下，背部的按摩舒适度差别不明显。

同理，运用 Analyzer 2.0 分析软件和 Excel 等软件，对偏胖人群背部按摩过程中采集的 P4 电极脑电信号进行分析处理，绘制出组合方式 1、组合方式 2 和组合方式 3 三种组合方式的 θ 波和 α 波所占比例的变化趋势图，如图 6-36 和图 6-37 所示。

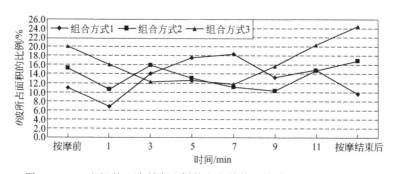

图 6-36 P4 电极的 θ 波所占比例的变化趋势（偏胖人群背部按摩时）

由图 6-36 和图 6-37 可以看出，在不同组合方式下，偏胖人群背部按摩脑电 P4 电极的 θ 波和 α 波所占比例变化趋势是不同的，与 P3 对比发现，变化趋势基本一致。

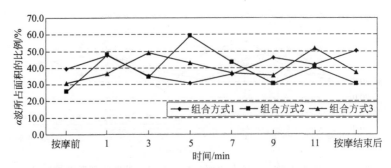

图 6-37　P4 电极的 α 波所占比例的变化趋势（偏胖人群背部按摩时）

① 与 P3 电极相比，在组合方式 1 下，偏胖人群 P4 电极的 θ 波所占比例变化趋势基本一致，变化幅度也基本一致。

② 与 P3 电极相比，在组合方式 2 下，偏胖人群 P4 电极的 θ 波和 α 波变化趋势基本一致。

③ 与 P3 电极相比，在组合方式 3 下，偏胖人群 P4 的 α 波变化趋势先上升后略下降；而 P3 的 α 波交替上升，且变化平缓。

综合 P3 和 P4 电极 θ 波和 α 波所占比例变化趋势分析结果，在组合方式 1 下偏胖人群背部按摩时的按摩舒适度先上升后下降；在组合方式 2 和组合方式 3 下，偏胖人群背部按摩时的按摩舒适度都是先下降后上升。

（2）按摩舒适度主观评价　运用 Excel 软件，将试验得到的三种组合方式的按摩舒适度主观评价值进行统计分析，其变化趋势如图 6-38 所示。

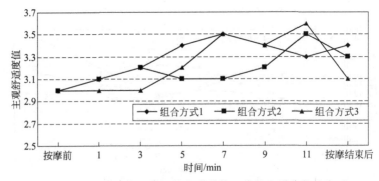

图 6-38　按摩舒适度主观评价变化趋势（偏胖人群背部按摩时）

由图 6-38 可知，在组合方式 1 下，偏胖人群背部按摩时的按摩舒适度变化趋势先上升后稍有回落，这与脑电分析结果基本一致；在组合方式 2 下，偏胖人群背部按摩时的按摩舒适度变化趋势交替上升，这与按摩后半程的脑电分析结论总体上基本一致；在组合方式 3 下，偏胖人群背部按摩时的按摩舒适度变化趋势交替逐渐上升，这与按摩后半程的脑电分析结论一致。

6.2.3.3　结果与讨论

脑电分析结论与主观评价结果基本一致。通过对比发现，偏胖人群在不同组合按摩方式下腰部按摩时，组合方式 1 和组合方式 2 的按摩舒适度较好；背部按摩时，三种组合按摩方式的按摩舒适度差别不明显。

根据以上研究结果，作以下分析讨论：

① 在组合方式 1 下，偏胖体型人群 θ 波所占比例交替上升，α 波所占比例先下降后上升，这表明在组合方式 1 下腰部按摩时，偏胖人群的身体和精神呈放松状态。

② 在组合方式 2 下，偏胖体型人群 θ 波所占比例交替上升，α 波所占比例先下降后略上升，这表明在组合方式 2 下腰部按摩时，偏胖人群的身体和精神呈逐渐放松状态。

③ 组合按摩方式在偏胖人群的腰部按摩时，当按摩刚开始时，揉捏或指压的按摩力度可能更适合偏胖人群的按摩舒适度，而拍打的按摩力度可能较小，按摩舒适度就不太明显。所以组合方式 1 和组合方式 2 在偏胖人群的腰部按摩舒适度较好。而在背部按摩时，不同组合按摩方式的按摩舒适度交替上升，偏胖人群的背部肌肉和脂肪等生理结构适应其按摩舒适度，但三种组合按摩方式的按摩舒适度变化幅度不大，差别也不明显。

④ 揉捏-指压-拍打和指压-拍打-揉捏组合按摩方式对偏胖人群腰部按摩舒适度最好。揉捏-指压-拍打（简称组合方式 1）、指压-拍打-揉捏（简称组合方式 2）在偏胖人群腰部按摩时，按摩的力度与偏胖人群的腰部按摩相匹配，所以其按摩的舒适度就好，这与 Diego 等研究结果基本一致。其研究结果表明，适度按摩时的焦虑指标降低最快，并且 α 波降低。

研究结论与南京林业大学的陈浩森的研究结果也基本一致，其研究运用脑电试验（EEG）分析 α 波和 θ 波的变化情况，研究腰背部的按摩舒适度。但是，选择脑电的 P3 和 P4 电极，其研究结果的准确性更高。

6.2.4　分析与讨论

根据单一按摩方式与组合按摩方式的按摩工效和按摩舒适度对比研究，

经过各研究部分的分析讨论，得出单一按摩方式比较研究时，腰部和背部最优的按摩方式是不同的，其研究结论总结为：

① 通过按摩工效的比较研究，腰部和背部按摩工效最优的单一按摩方式分别是揉捏按摩方式和指压按摩方式，但三种按摩方式之间的差异性不显著。

② 通过表面肌电试验，分析验证了揉捏按摩在腰部按摩时和指压按摩在背部按摩时都产生了较优的按摩工效。

组合按摩方式的按摩舒适度比较研究时，不同组合按摩方式在不同体型人群腰部和背部按摩时的按摩舒适度存在明显差别，其研究结论总结为：

① 在不同组合按摩方式下，拍打-揉捏-指压组合按摩方式（组合方式3）在偏瘦人群腰部按摩时，按摩舒适度最好；三种组合按摩方式在偏瘦人群背部按摩时，按摩舒适度差别不明显。

② 在不同组合按摩方式下，三种组合按摩方式在正常人群腰部按摩时，按摩舒适度差别不明显；揉捏-指压-拍打组合按摩方式（组合方式1）在正常人群背部按摩时，按摩舒适度最好。

③ 在不同组合按摩方式下，揉捏-指压-拍打组合按摩方式（组合方式1）和指压-拍打-揉捏组合方式（组合方式2）在偏胖人群腰部按摩时，按摩舒适度较好；三种组合按摩方式在偏胖人群背部按摩时，按摩舒适度差别不明显。

参 考 文 献

[1] 谢铠杰，刘君，刘骏发，等. 作业疲劳的生理测量方法研究综述[J]. 人类工效学，2020，26(02)：76-80.

[2] 刘玮. 机械按摩效应的人体工程学研究方法[J]. 家具，2021，42(02)：44-47.

[3] 金海明，申黎明. 按摩椅家具产品舒适性评价的实验方法研究[J]. 家具与室内装饰，2013，(10)：78-79.

[4] 于娜，张畅. 面向个性化需求的背部按摩装置设计[J]. 机械设计，2017，34(01)：122-125.

[5] 陈丹，申黎明，于娜. 按摩理论及按摩家具的发展研究[J]. 家具与室内装饰，2017，(5)：14-15.

[6] 唐林芝. 电动按摩椅感性设计研究[J]. 家具与室内装饰，2019，(08)：70-71.

[7] 韩宇翃，贾玉岭，李维亮，等. 基于心理生理测量方法的座椅舒适性评价研究[J]. 包装工程，2020，41(06)：150-156.

[8] 陈浩淼. 按摩模式对按摩椅按摩舒适性影响的研究[D]. 南京：南京林业大学，2010.

[9] 于娜，张畅. 面向个性化需求的背部按摩装置设计[J]. 机械设计，2017，34(01)：122-125.

[10] 杜瑶，周峰旭，张帆，等. 基于体压分布的靠背倾角对学生座椅舒适性的影响研究[J]. 家具与室内装饰，2020，(06)：13-15.

[11] 郑永平，项新建，肖金辉. 电动按摩椅按摩模式对舒适度影响的试验研究[J]. 浙江科技学院学报，2018，30(5)：386-390.

[12] 金海明，申玮，申黎明. 人机界面特征对按摩椅腰部揉捏按摩效应的影响研究[J]. 家具与室内装饰，2021，(07)：78-83.

[13] 贾森，杨钟亮，陈育苗. 面向地铁低头族的颈部疲劳 sEMG-JASA 评价模型[J]. 智能系统学报，2020，15(04)：705-713.

[14] 田野，何陆宁，刘天娇，等. 趣味性听觉材料对驾驶疲劳的作用：来自 EEG 的证据[J]. 心理与行为研究，2020，18(04)：474-481.

[15] 许子明，牛一帆，温旭云，等. 基于脑电信号的认知负荷评估综述[J]. 航天医学与医学工程，2021，34(04)：339-348.

[16] 杨程，曾静，陈辰，等. 基于脑电探究外观特征对产品识别的影响[J]. 同济大学学报(自然科学版)，2020，48(09)：1385-1394.

[17] 金海明，申黎明，宋杰. 基于肌电信号的按摩椅按摩效应评价研究[J]. 包装

工程，2014，35（02）：28-31.

[18] 晁垚，金倩如，申黎明，等. 一种基于体压分布和 PCA-BP 神经网络模型的办公椅舒适度测定方法[J]. 林业工程学报，2021，6（05）：183-190.

[19] 宋杰. 揉捏式按摩椅的按摩特性与按摩效应研究[D]. 南京：南京林业大学，2012.

[20] 杨钟亮，孙守迁，陈育苗. 基于 sEMG 的按摩椅绩效人机评价模型实验研究[J]. 中国机械工程，2012，23（02）：220-224.

[21] 邵婷婷，申黎明，金海明. 按摩头转速与按摩穴位对椅式按摩效应及其舒适性的影响[J]. 家具，2013，34（03）：30-34.

[22] 邵婷婷，申黎明. 基于脑电（EEG）的椅式按摩位置对按摩舒适性影响的研究[J]. 安徽农业大学学报，2014，41（02）：338-341.

[23] Long A F. The effectiveness of shiatsu：findings from a cross-European，prospective observational study[J]. Journal of Altern Complement Med，2008，14（8）：921-930.

[24] Linda H B，Kathryn H，James F L，et al. The effects of shiatsu on lower back pain[J]. Journal of Holist Nursing，2001，19（1）：57-70.

[25] Daniele F Z，Sonia K，Emmanuelle F，et al. Local back massage with an automated massage chair：general muscle and psychophysiologic relaxing properties[J]. Journal of Alternative and Complementary Medicine，2005，11（6）：1103-1106.

[26] Diego M A，Field T，Sanders C，et al. Massage therapy of moderate and light pressure and vibrator effects on EEG and heart rate[J]. International Journal of Neuroscience，2004，114（1）：31-44.

[27] Valipoor S，Pati D，Stock M S，et al. Safer chairs for elderly patients：design evaluation using electromyography and force measurement[J]. Ergonomics，2018，61（7）：902-912.

[28] Zhang F，Sun D B，Han C P. Surface EMG observation and isokinetic test on pressing-kneading manipulations for exercise fatigue of anterior tibial muscle[J]. Journal of Acupuncture and Tuina Science，2011，09（01）：62-66.

[29] 丁玉兰. 人机工程学[M]. 5 版. 北京：北京理工大学出版社，2017.

[30] 申黎明. 人体工程学[M]. 2 版. 北京：中国林业出版社，2021.

[31] 田树涛，金玲，孙来忠. 人体工程学[M]. 北京：北京大学出版社，2018.

［32］刘涛，周唯. 人体工程学［M］. 北京：中国轻工业出版社，2017.

［33］许妍，李硕. 人体工程学［M］. 北京：化学工业出版社，2021.

［34］方菲. 床垫设计人体工程学［M］. 北京：化学工业出版社，2020.

［35］吴智慧. 室内与家具设计——家具设计［M］. 2 版. 北京：中国林业出版社，
　　　2012.

［36］张广鹏. 工效学原理与应用［M］. 北京：机械工业出版社，2008.

［37］谢文英. 经络穴位按摩大全［M］. 西安：陕西科学技术出版社，2018.

［38］卞春强. 中国现代推拿［M］. 济南：山东友谊出版社，2003.

［39］王甫. 大众推拿［M］. 北京：人民卫生出版社，1989.

［40］安徽医学院附属医院运动医学科. 推拿疗法与医疗练功［M］. 北京：人民卫
　　　生出版社，1989.

［41］胡晓斌. 按摩手法集锦［M］. 北京：中医古籍出版社，1989.

［42］天津市天津医院. 按摩［M］. 北京：人民卫生出版社，1974.

［43］顾晓松. 人体解剖学［M］. 3 版. 北京：科学出版社，2011.

［44］GB/T 26182—2010. 家用和类似用途保健按摩椅［S］. 北京：中国标准出版
　　　社，2011.

［45］格雷维特尔 J. Gravetter F. 行为科学研究方法［M］. 邓铸，译. 4 版. 西安：
　　　陕西师范大学出版社，2020.

［46］魏景汉，罗跃嘉. 事件相关电位原理与技术［M］. 北京：科学出版社，2017.

［47］阮怀珍，蔡文琴. 医学神经生物学基础［M］. 2 版. 北京：科学出版社，2021.

［48］赵仑. ERPs 实验教程［M］. 南京：东南大学出版社，2010.

［49］吕英海，于昊，李国平. 试验设计与数据处理［M］. 北京：化学工业出版社，
　　　2021.

［50］王颉. 试验设计与 SPSS 应用［M］. 北京：化学工业出版社，2018.

［51］陈希镇. 现代统计分析方法的理论和应用［M］. 北京：国防工业出版社，
　　　2016.

［52］薛薇. 统计分析与 SPSS 的应用［M］. 6 版. 北京：中国人民大学出版社，
　　　2021.